Glaucio Aranha

Alfred Sholl-Franco

DIVULGAÇÃO CIENTÍFICA

UMA ABORDAGEM MULTIDIMENSIONAL

Freitas Bastos Editora

Maria Augusta Delgado Livraria, Distribuidora e Editora
Direção Editorial: Isaac D. Abulafia
Gerência Editorial: Marisol Soto
Assistente Editorial: Larissa Guimarães
Copidesque: Luciana Uhren Meira Silva
Revisão: Enrico Miranda
Diagramação e Capa: Vanúcia Santos

Dados Internacionais de Catalogação na Publicação (CIP)
de acordo com ISBD

A662d Aranha, Glaucio
Divulgação Científica: Uma Abordagem Multidimensional / Glaucio Aranha, Alfred Sholl-Franco. – Rio de Janeiro, RJ : Freitas Bastos, 2025.
260 p. : 15,5cm x 23cm.

ISBN: 978-65-5675-615-8

1. Divulgação científica. 2. Letramento científico. 3. Democratização do conhecimento. 4. Pesquisa acadêmica. 5. Discurso científico. I. Sholl-Franco, Alfred. II. Título.

2025-4226 CDD 001.42
CDU 001

Elaborado por Vagner Rodolfo da Silva - CRB-8/9410

Índices para catálogo sistemático:
1. Pesquisa científica 001.42
2. Pesquisa científica 001

Freitas Bastos Editora

atendimento@freitasbastos.com
www.freitasbastos.com

GLAUCIO ARANHA

É professor no Instituto Nutes de Educação em Ciências e Saúde (NUTES/UFRJ) e pesquisador no Programa de Pós-Graduação em Educação em Ciências e Saúde (PPGECS), da Universidade Federal do Rio de Janeiro (UFRJ). Graduado em Direito, pela Universidade Federal de Juiz de Fora (UFJF), mestre em Comunicação, Imagem e Informação (área: Novas Tecnologias da Comunicação e da Informação), e doutor em Letras, ambos pela Universidade Federal Fluminense (UFF); também especialista em Gestão de Comunicação integrada (Unyleya). Atua como pesquisador-líder do grupo de pesquisa Cognição, Linguagem e Audiovisual em Sistemas Semióticos (CLASS); colíder do grupo de Neurociências Aplicadas a Educação (NeuroEduc); pesquisador associado ao Núcleo de Divulgação Científica e Ensino de Neurociências (NuDCEN/UFRJ), onde desenvolve estudos sobre tecnologias digitais, Semiótica e Neuroeducação.

ALFRED SHOLL-FRANCO

É professor no Programa de Neurobiologia do Instituto de Biofísica Carlos Chagas Filho (IBCCF), da Universidade Federal do Rio de Janeiro (UFRJ). Graduado em Ciências Biológicas (Famath). Especialista em Neurobiologia (UFF) e em Neuropsicopedagogia (CENSUPEG). Mestre e doutor em Ciências Biológicas – Modalidade Biofísica (UFRJ). Atua como coordenador do Núcleo de Divulgação Científica e Ensino de Neurociências (NuDCEN/IBCCF) e pesquisador associado ao Laboratório de Neurogênese (IBCCF/UFRJ). Atua como pesquisador-líder do grupo de pesquisa em

Neurociências Aplicadas a Educação (NeuroEduc) e do grupo de pesquisa em Neuroimunologia (NEUROIMUNO/CNPq), e colíder do grupo de pesquisa Cognição, Linguagem e Audiovisual em Sistemas Semióticos (CLASS). Dedica-se à Pesquisa Básica em Desenvolvimento do Sistema Nervoso e Pesquisa Aplicada Translacional em Processos de Ensino e Aprendizagem, Neuropsicopedagogia e Neuroeducação.

SUMÁRIO

PREFÁCIO

Na era da informação, em que dados e descobertas científicas moldam nosso entendimento do mundo, a divulgação científica emerge como uma ponte importante e necessária entre o conhecimento especializado e o público em geral. Exploraremos, nesta obra, os meandros desse campo fascinante, no qual a comunicação clara e envolvente encontra-se com a complexidade da ciência, desvendando seu significado e relevância para a sociedade.

A divulgação científica transcende a mera transmissão de fatos; é uma área que requer habilidades multidisciplinares para traduzir conceitos intricados em discursos acessíveis, sem comprometer a precisão. Com o advento da era digital, novas plataformas e mídias tornaram-se aliadas nesse processo, ampliando o alcance e o impacto da comunicação científica.

Nesta jornada de entendimento e aprofundamento sobre a divulgação científica, buscamos ir além da mera exposição de técnicas e modelos tradicionais de divulgação e da apresentação de estudos de caso, mas examinamos as dimensões conceituais, sociais, históricas, políticas, culturais, bem como a dimensão prática das estratégias empregadas por divulgadores científicos para desmistificar os conceitos científicos e envolver o público. Examinamos como o discurso da divulgação, a visualização de dados e a construção de narrativas são usadas para transformar informações muitas vezes herméticas e abstratas em informação acessível para a sociedade em geral, despertando o interesse e a curiosidade de pessoas de todas as idades e formações.

Além disso, exploramos os desafios éticos e as responsabilidades que permeiam a divulgação científica, especialmente em uma época marcada pelo crescimento de estratégias articuladas de promoção da desinformação, a chamada agnotologia. Discutimos como a promoção da ciência demanda uma compreensão precisa por parte do divulgador e como a divulgação pode auxiliar na tomada de decisões informadas sobre questões que impactam as vidas e a adoção de políticas públicas.

Seja você um cientista em busca de ampliar seu alcance, um comunicador aspirante que deseja adentrar o mundo da divulgação científica ou simplesmente alguém interessado nos processos que tornam a ciência acessível a todos, o cenário a ser explorado nesta obra oferece uma visão abrangente e inspiradora sobre questões relevantes para a divulgação científica e seus agentes. Trata-se de uma jornada pela interseção da ciência, comunicação e tecnologia, na qual a centralidade está na compreensão de como a divulgação científica desempenha um papel crucial para a construção de uma sociedade informada e engajada.

Este livro representa mais do que apenas um compêndio de informações; é um convite a uma jornada multidimensional da divulgação científica, na qual a ciência encontra sua metanarrativa (a fala sobre si mesma), os fatos científicos buscam se encontrar com a curiosidade da sociedade, o rigor técnico encontra o imaginário de culturas e a inteligibilidade encontra o sensível. A divulgação científica é uma ponte entre o mundo complexo da pesquisa científica e a vida cotidiana de cada um de nós, transformando o que poderia ser árido e inacessível em algo vivo, relevante e estimulante.

Mais do que nunca, em uma era marcada por desafios globais como as mudanças climáticas e as pandemias, a necessidade de uma divulgação científica clara e eficaz é imperativa. Nosso objetivo é desvendar como ela pode influenciar políticas, educar comunidades e, acima de tudo, inspirar um senso de admiração e responsabilidade em relação ao nosso mundo e ao nosso futuro à luz do conhecimento científico.

Esta obra é fruto de uma colaboração entre especialistas de diferentes áreas das ciências, unindo ciências naturais e humanas, cada um deles trazendo sua expertise, experiências e visões. Ambos atuando há décadas com produção científica e com divulgação científica.

Ao desenvolvermos este livro, falamos para um amplo horizonte de leitores: de estudantes e profissionais da educação a cientistas e comunicadores, além de todos aqueles com interesse em entender como as informações científicas são transmitidas, interpretadas e, muitas vezes, contestadas no espaço público. Nesse sentido, a obra é concebida como uma jornada introdutória, mas abrangente, ao campo da ciência, como um recurso de referência para aqueles que já estão imersos nesse universo e aqueles que estão iniciando na divulgação científica.

A ciência é uma história contínua, uma narrativa em constante evolução, e cada pessoa é participante desse processo. Esperamos informar, empoderar e inspirar cada leitor a se envolver ativamente na conversa científica que molda nosso mundo. Assim, buscamos aqui estabelecer o terreno sobre o qual o restante do livro será construído, delineando a importância intrínseca da ciência, e o papel crítico que a divulgação científica desempenha na mediação entre o conhecimento científico e a compreensão pública. À medida que você avança na leitura, esperamos fornecer uma visão abrangente e matizada deste campo fascinante e cada vez mais relevante na contemporaneidade.

PARTE I

NOÇÕES PRELIMINARES SOBRE DIVULGAÇÃO CIENTÍFICA

1. INTRODUÇÃO À DIVULGAÇÃO CIENTÍFICA

A ciência desempenha uma influência que permeia nossa sociedade desde as decisões políticas mais abrangentes até os aspectos mais cotidianos de nossas vidas, em caráter individual, quer estejamos conscientes disso, quer não. Longe de ser uma torre de marfim isolada, ela é um rio que flui através da paisagem social, cultural, histórica, filosófica e política de nossa sociedade, moldando e sendo moldada por ela. Neste capítulo, exploramos como a divulgação científica serve como ponte vital entre as margens, às vezes distantes, das instâncias de produção científica e do público em geral.

Divulgar ciência não é uma tarefa simples; exige a precisão na apresentação dos fatos e a habilidade de os contextualizar de maneira que ressoe para um público diversificado. Enfrentamos o desafio de tornar a ciência acessível sem simplificá-la excessivamente, de inspirar e educar enquanto navegamos em um mar de desinformação e ceticismo. Por meio de uma exploração detalhada desses objetivos e desafios, buscamos fornecer aos leitores, neste capítulo, uma compreensão sólida do que significa comunicar a ciência eficazmente, e porque isso é crucial em nosso tempo.

1.1 A importância da divulgação científica

Na sociedade contemporânea, a divulgação científica desempenha um papel importante conectando o mundo da ciência ao público em geral. Atua, assim, na construção de uma sociedade mais informada, participativa e engajada. No cerne dessa função está a necessidade de superar as barreiras entre o conhecimento especializado e o público leigo, permitindo que todos tenham acesso a informações, à compreensão sobre os avanços científicos e às questões que afetam suas vidas diárias. Ela atua mediando a complexidade inerente à ciência, por meio da tradução da linguagem científica para a linguagem de outros contextos.

Essa tradução deve ser entendida como um o processo de transferência de significados de um texto de uma linguagem fonte (linguagem científica) para outro texto em uma linguagem diferente (linguagem alvo). Trata-se de um processo que não se limita à mera transposição de palavras, pois requer a adaptação de aspectos culturais, estilísticos e contextuais para preservar a intenção, o estilo, o tom e o conteúdo do texto original sem perder o horizonte linguístico do público para o qual o conteúdo traduzido está sendo endereçado.

Em *Introducing Translation Studies: Theories and Applications* (2016) (Introdução aos Estudos de Tradução), Jeremy Munday oferece uma visão abrangente das principais teorias e métodos de tradução, destacando-a como um processo complexo que parte da decodificação de uma mensagem em determinada língua ou linguagem de origem para sua recodificação em outra língua ou linguagem de destino. Trata-se, antes de qualquer coisa, de uma atividade cognitiva de alta complexidade, baseada em negociação de significado entre as línguas ou linguagens envolvidas.

Essa tradução não se limita aos aspectos sintáticos ou lexicais, envolvendo também aspectos culturais na reconstrução semântica. Isto é, não basta a transposição de uma frase ou palavra, pois importa, sobretudo, o sentido implicado no conteúdo para determinada cultura a qual a tradução se destina. No processo de divulgação científica, a tradução acontece da linguagem científica para a linguagem cotidiana e da perspectiva da **cultura científica** para a **cultura de destinação** (escolar, comunitária, política etc.). Um texto em linguagem científica como "A neuroplasticidade refere-se à capacidade do sistema nervoso de se reorganizar estrutural e funcionalmente em resposta a experiências e aprendizados." pode ser traduzido em linguagem cotidiana, tendo como destinatário o cidadão não especialista, como "Neuroplasticidade está relacionada com a capacidade do sistema nervoso (encéfalo, medula, gânglios e nervos) mudar e se adaptar com base no que aprendemos e vivenciamos. É como nosso cérebro, por exemplo, se remodela ao aprender coisas novas ou depois de passar por experiências diferentes". Essa tradução mantém o conceito central de neuroplasticidade, mas utiliza termos e estrutura de construção de frases acessíveis para facilitar a compreensão de um público mais amplo, que pode não estar familiarizado com termos técnicos da neurociência.

Muitos tópicos científicos envolvem conceitos abstratos, terminologias técnicas e processos intricados que podem ser difíceis de entender para aqueles que não possuem formação especializada. A divulgação científica atua como uma ponte, traduzindo esses conceitos para uma linguagem acessível e usando, sempre que possível, exemplos do cotidiano para tornar a ciência tangível e relevante para o público em geral.

Além disso, ela auxilia na promoção do letramento científico, entendido como a capacidade de uma pessoa entender, avaliar e aplicar conceitos científicos em decisões do dia a dia. Isso envolve o conhecimento de fatos e teorias científicas, a habilidade de pensar criticamente, compreender e analisar evidências científicas, e aplicar esse entendimento em contextos variados, incluindo questões sociais, de saúde, ambientais, dentre outras. O letramento científico se constitui como condição importantíssima para a participação informada das populações em debates públicos, bem como para a tomada de decisões baseadas em evidências.

Em um mundo cada vez mais tecnológico e dependente de decisões baseadas em evidências, compreender os princípios científicos subjacentes a variadas questões se torna condição fundamental. Por meio de textos, imagens, infográficos, vídeos e outras mídias, os divulgadores científicos oportunizam condições para que toda a população possa entender os fundamentos da ciência, avaliar informações científicas e tomar decisões mais adequadas em suas vidas pessoais e cívicas.

A ciência também é uma parte intrínseca de muitos debates sociais, políticos e éticos. Questões como mudanças climáticas, avanços médicos e tecnológicos, e desenvolvimento sustentável, dentre outras, encontram boa parte da população despreparada para integrar o centro desses debates de maneira consciente e bem informada. Nesse sentido, a divulgação científica contribui fornecendo informações necessárias para que o público possa participar dessas discussões de maneira fundamentada, evitando que decisões importantes sejam tomadas com base em desinformação ou falta de entendimento.

Além disso, há que se considerar também o papel auxiliar no processo formativo dos indivíduos, tendo em vista que as ações de divulgação científica, muitas vezes, inspiram futuros cientistas e inovadores, descortinam fazeres e saberes para populações não expostas naturalmente a eles em seu cotidiano. Essa aproximação enriquece o ambiente informacional e cognitivo de determinados contextos, dando visibilidade a carreiras e vocações muitas vezes embotadas em razão da falta de exposição a temas e saberes relevantes para este ou aquele indivíduo. Ao mostrar a dimensão da descoberta e da relevância do conhecimento científico e seus métodos, os divulgadores científicos podem estimular o interesse das gerações mais jovens pela ciência, incentivando-as a buscarem carreiras nos mais diversos campos. Trata-se de um aspecto importante para o progresso contínuo da sociedade, à medida que enfrentamos desafios cada vez mais complexos e exigentes no tocante à formação educacional e profissional das novas gerações.

Nosso momento sócio-histórico vem sendo marcado por procedimentos ativos de desinformação (*fake news*, pós-verdade etc.) e pseudociência, que proliferam impulsionadas pela velocidade e facilidade comunicacional promovida pelas mídias digitais. Cabe à divulgação científica assumir um contraponto a esse cenário distópico em relação à produção do conhecimento baseado em evidências. Ao oferecer informações precisas e embasadas, os divulgadores científicos contribuem para combater a disseminação de informações incorretas que podem prejudicar a saúde, a segurança e o bem-estar das pessoas, bem como a tomada de decisões políticas de impacto social.

Em última análise, fica claro que a divulgação científica não é apenas uma atividade complementar à pesquisa, mas sim uma parte vital do empreendimento científico como um todo. Ela expande o alcance e o impacto da ciência e fortalece os laços entre a comunidade científica e o público em geral, criando uma sociedade mais consciente, informada e participativa.

A divulgação e a popularização das ciências enfrentam, atualmente, uma série de desafios e oportunidades que refletem a complexidade e a importância do processo de comunicar conhecimento científico para a sociedade. Enquanto a disseminação da ciência traz consigo um potencial incrível para educar, inspirar e engajar, também se depara com obstáculos que vão desde a simplificação excessiva de conceitos até a disseminação de informações incorretas. É necessário explorar esses desafios e oportunidades para garantir que a comunicação científica seja eficaz, precisa e impactante.

1.1.1 A relevância social da ciência: um diálogo constante

A contemporaneidade vem sendo muitas vezes denominada como a "Era da Informação", termo este frequentemente atribuído a vários pensadores e autores, não havendo um consenso claro sobre um único criador dessa expressão. A ideia emergiu principalmente com o desenvolvimento da tecnologia da informação e a crescente digitalização da sociedade.

Um dos primeiros a popularizar o conceito foi o sociólogo Manuel Castells com sua trilogia *The information age: economy, society, and culture* (1996-1998), na qual ele explora a transformação social, política e econômica impulsionada pelas tecnologias de informação e comunicação. Outros autores importantes na consolidação da expressão foram: Daniel Bell, que em seu livro *The Coming of post-industrial society: a venture in social forecasting*, de 1973, descreveu a transformação de uma economia baseada na produção industrial para uma baseada no conhecimento e na informação; e Alvin Toffler que, no livro *The Third Wave* (A terceira onda), de 1980, descreveu a transição da sociedade industrial para a "sociedade da informação". Esses autores, entre outros, ajudaram a moldar a compreensão da etapa de desenvolvimento sociohistoricocultural em que vivemos como uma Era da Informação, apresentando suas respectivas percepções sobre as implicações desta para a sociedade.

É nesse contexto que a ciência assume um papel extraordinariamente influente como catalisador do progresso humano e do bem-estar coletivo. Segundo Luciano Floridi (2014), vivemos numa "Revolução da Informação", na qual a ciência deve ser entendida como um sistema dinâmico que molda nossa realidade, não se atendo, portanto, a um mero acervo de conhecimentos sistematicamente elaborados. Os avanços nos campos da medicina e da tecnologia, por exemplo, refletem-se em melhorias significativas na expectativa e na qualidade de vida da maioria das populações, enquanto a astrofísica e a biologia nos oferecem uma compreensão mais profunda do universo e da vida na Terra. As camadas de conhecimentos que cada campo científico acrescenta enriquecem sobremaneira nossas possibilidades de entendimento sobre a existência e o existir: do aspecto micro ao macro. Todavia, a interação entre ciência e sociedade é intrincada e recíproca. Não há um sem o outro. Faz-se ciência porque há uma sociedade que apresenta demandas de saberes específicos e viver em sociedade demanda a construção de conhecimentos que auxiliem os processos e desafios implicados no viver (solução para doenças, melhorias de processos, compreensão da existência etc.).

Nas sociedades atuais, cada vez mais midiatizadas e articuladas em redes, como argumenta Castells (1996-1998), o conhecimento científico tanto influencia quanto é influenciado pela sociedade e suas estruturas políticas, seus valores, suas questões culturais e até mesmo pelas suas aspirações sociais. Isso pode ser mais evidente em campos como a genética, no qual os avanços prometem tratamentos revolucionários e geram debates éticos e sociais sobre privacidade genética, discriminação, modelos familiares, novas relações jurídicas e tantos outros temas. Similarmente, o desenvolvimento de tecnologias de energia renovável, como observado por Benjamin Sovacool e Michael Dworkin (2021), não se restringe a desafios técnicos, entrelaçando-se com questões políticas e sociais, incluindo debates sobre mudanças climáticas e justiça energética. Vê-se, portanto, o quão entrelaçadas estão a ciência e a sociedade. Mais do que uma simples relação de aplicação linear do conhecimento científico para resolver problemas práticos, essa relação implica um macro sistema de adaptabilidade do ser humano a condições de existência em constante mudança e sua respectiva necessidade de novas respostas para novos problemas.

1.1.2 A divulgação científica como ponte entre dois mundos

Dado esse contexto de mútua influência e relevância social entre ciência e sociedade, torna-se evidente que uma comunicação eficaz entre o mundo científico (acadêmico) e a sociedade é mais do que necessária: é crucial. A falta de acesso e compreensão sobre descobertas científicas pode ter consequências sérias e abrangentes, impactando sobre decisões políticas mal-informadas, comportamentos individuais arriscados etc. Uma população que não compreende os fundamentos da mudança climática, por exemplo, poderá manter hábitos e comportamentos prejudiciais (modo como se consome energia, lida com resíduos, escolhe o ideário no qual vota, entre outros aspectos), além de dar amparo a políticas de desmatamento e outras prejudiciais. Esse déficit de compreensão pode, por exemplo, resultar por parte dos gestores de políticas públicas na adoção de medidas ineficazes e até mesmo com efeitos colaterais perigosos ou ainda mais danosos.

A relevância dessa ponte (relação) entre os mundos da ciência e da sociedade em geral pode ser exemplificado claramente se considerarmos o impacto da ciência e da divulgação científica eficaz na resposta global à pandemia de COVID-19. A rápida disseminação de informações científicas sobre o vírus e sobre as práticas de segurança impactou diretamente na tomada de posições em relação à saúde pública em nível mundial, enquanto a distribuição de vacinas dependeu da inovação científica e da comunicação clara e eficaz para combater a desinformação e a hesitação vacinal por suas mais variadas origens (políticas, culturais etc.).

Essa intermediação é essencial para garantir que descobertas e conhecimentos científicos sejam mais acessíveis, compreensíveis e relevantes para a sociedade. Nesse sentido, a divulgação científica eficaz é fundamental para alicerçar tanto os processos de letramento científico quanto a promoção do engajamento cívico. Martin Bauer e colaboradores (2017) afirmam que a divulgação científica contribui significativamente para a formação de uma sociedade informada e engajada em questões científicas e tecnológicas, demonstrando como ela impacta nos processos de letramento científico, entendimento público (popularização) da ciência e na relação ciência-sociedade em relação a pesquisas de grande escala sobre percepções públicas.

Um aspecto que não pode ser desconsiderado diz respeito à capacidade de uso das ações de divulgação científica para traduzir a linguagem científica e os conceitos complexos da ciência em termos que são acessíveis e relevantes para o público leigo, por meio da adoção de um léxico mais próximo à dimensão da fala cotidiana, ao nível do uso corrente. Segundo Molly Simis e colaboradores, no estudo "The lure of rationality" (2016), a eficácia da comunicação de dados científicos à sociedade não especialista reside na habilidade de conectar a informação científica com os valores, as crenças e os interesses do público. Isso é particularmente importante em áreas como saúde pública, mudanças climáticas e tecnologia, pois nelas o entendimento público pode ter um impacto direto nas decisões políticas e comportamentais.

A promoção do diálogo entre cientistas e o público, como aponta Bruce Lewenstein (2003), requer uma interação bidirecional que almeje a melhoria da compreensão pública sobre informações científicas. Todavia, um dos grandes obstáculos que se estabelece está na forma de divulgar. Não raro, a visão do cientista sobre uma linguagem mais acessível não avança para além da reorganização da informação em outro padrão da própria linguagem científica e, pior, levando em consideração o que ele entende ser uma preocupação para ele mesmo. Para que possamos falar em eficácia na divulgação científica é preciso que os cientistas compreendam melhor as preocupações e as perspectivas da sociedade, pois esses elementos influenciarão a escolha do direcionamento e o formato daquilo que desejam divulgar.

Pelo exposto, fica claro que divulgar ciência com eficácia não é uma panaceia, uma solução para uma variedade de problemas sociais, sejam eles de natureza médica, ambiental, tecnológica, social, econômica ou política, mas por certo é uma estratégia eficaz para enriquecer e ampliar o horizonte da sociedade para possibilidades de reequacionamento dos problemas. Embora a criação dessa ponte de forma eficaz não seja fácil e isenta de percalços, ela não se revela também como uma meta inviável. Pelo contrário, ela depende de muitas frentes de ação, abrindo variados caminhos que ainda estão para ser trilhados. Há necessidade de capacitação dos agentes da academia, dos mediadores (jornalismo científico, organizações etc.) e de mobilização da própria sociedade aproximando-os, pondo-os em diálogo e aperfeiçoamento. Trata-se, sobretudo, de um desafio, mas que aponta para caminhos enriquecedores.

Esses desafios estão longe de diminuir a relevância da divulgação científica, pelo contrário, a construção contínua dessa ponte entre dois mundos se revela essencial no contexto contemporâneo, em que a ubiquidade das redes digitais evidencia a emergência de considerável número de negacionistas científicos e extremistas religiosos. A ascensão e ganho de destaque desses grupos faz-nos pensar na possível mudança da expressão "Era da Informação" para "Era da (Des)informação", como processos indissociáveis. Dietram Scheufele e Nicole Krause (2019) salientam que a divulgação científica eficaz é a chave para combater a desinformação e os mitos científicos, promovendo uma compreensão pública mais precisa da ciência.

Diante disso, podemos afirmar que a divulgação científica serve como estratégia para minimizar os processos desinformativos, que servem a numerosos grupos de interesses e prejudicam a sociedade como um todo.

1.1.3 O papel da ciência na sociedade: entre a heresia e a salvação

Desde os tempos de Galileu Galilei, que enfrentou a Inquisição Romana por suas defesas da teoria heliocêntrica, até os debates contemporâneos sobre políticas de saúde na pandemia de COVID-19, a interação entre a ciência e a sociedade sempre foi repleta de tensões e controvérsias.

A condenação de Galileu Galilei, em 1633, estabeleceu um marco histórico para o conflito entre o conhecimento científico e as estruturas de poder ou crença estabelecidas. Galilei, ao defender o heliocentrismo de Copérnico, entrou em conflito direto com a doutrina geocêntrica da Igreja Católica, resultando em sua famosa abjuração. Esse episódio pode ser tomado como símbolo da tensão paradigmática entre a emergente ciência (baseada na observação e na experimentação) e as crenças tradicionais (sustentadas pelos dogmas religiosos, suas autoridades institucionais e paradigmas culturais da época). Essa tensão entre ciência e religião foi explorada em profundidade por John Hedley Brooke, no livro *Science and Religion: Some Historical Perspectives*, de 1991, que destacou como essa relação complexa tem se desdobrado ao longo dos séculos.

Avançando para o século XX, ainda é possível observar conflitos similares, mas em contextos diferentes. Durante a Guerra Fria, por exemplo, a produção do conhecimento científico estava frequentemente alinhada com interesses políticos e militares, como no caso da corrida espacial entre os Estados Unidos e a ex-União Soviética. Em *Freedom's laboratory: the Cold War struggle for the soul of science* (2018), Audra J. Wolfe ilustra a forma com que a ciência foi utilizada como uma ferramenta de propaganda ideológica.

Mesmo no século XXI, é notório o aumento nas tensões entre a ciência e as políticas governamentais em todo o mundo, especialmente em questões ambientais e de saúde pública, como a pandemia de COVID-19, bem como em embates religiosos em questões como medidas contraceptivas, discussões sobre gênero, aborto, eutanásia e tantos outros temas religiosamente sensíveis. Sheila Jasanoff, em *The fifth branch: science advisers as policymakers* (1990) e *Can science make sense of life?* (2019), fornece uma análise perspicaz de como a ciência é frequentemente entrelaçada com a política, destacando os desafios que surgem quando o conhecimento científico entra em conflito com as estruturas de poder existentes.

Outro desses tipos de tensão se deu no campo das neurociências, por exemplo, em face dos estudos sobre neuroplasticidade com implicações diretas no campo educacional. As polêmicas envolvem a mobilização de resultados de novos conhecimentos neurocientíficos em relação a métodos de ensino e aprendizagem. Muitas vezes, as descobertas se contrapõem a discursos amplamente aceitos como modelos de escolarização, quer sejam tradicionais, quer experimentais mais recentes, que se estabelecem, frequentemente, sem base científica, mas aguerridos a suas concepções apriorísticas. Tais discrepâncias levam, por vezes, a embates acirrados entre os defensores de métodos e saberes apriorísticos em relação aos resultados de testagens amparadas em saberes neurocientíficos que, não raro, desmentem a efetividade de discursos arraigados no senso comum.

Por outro lado, é importante destacar que a literatura sobre ética em neurociências está crescendo, explorando dilemas relacionados ao livre-arbítrio e à responsabilidade moral, provocando o surgimento de novas zonas de embate entre o avanço científico e os saberes estabelecidos socioculturalmente. Tais zonas de conflito entre saberes não devem ser entendidas como negativas. Elas não invalidam qualquer dos campos envolvidos, mas desencadeiam debates sociais e éticos, os quais levam à transformação de todos os lados, à ampliação dos horizontes de compreensão e ao avanço da humanidade.

O lugar e a função da divulgação em contextos como esses não é se posicionar a favor ou contra nenhuma concepção, mas trazer à luz os fundamentos que atravessam os embates. Dessa forma, ela auxilia para que as posições sejam tomadas à luz de um cenário no qual a discussão tenha sido rica e acessível. Não cabe ao divulgador colocar uma primazia de um saber sobre o outro, mas, sim, contribuir para que os termos e os saberes articulados nessas zonas de conflito simbólico estejam claros para todos, quando das suas tomadas de decisões. Nesse sentido, o papel da divulgação de informações científicas está voltado para a promoção do bem-estar coletivo.

Um bom exemplo da eficácia social da divulgação científica para o bem-estar coletivo foram as campanhas como *Tips from Former Smokers*, promovida pelo *Centers for Disease Control and Prevention* (CDC), nos Estados Unidos, que obtiveram grande êxito na redução das taxas de tabagismo, transformando um modelo de cultura jovem — construído principalmente por influência hollywoodiana — que valorizava o fumar como signo social de status e integração juvenil, mas que promovia, por consequência, o aumento de ocorrência de várias doenças pulmonares e oncológicas.

Curiosamente, ainda vivemos em um mundo no qual o conhecimento científico flui entre crenças fundamentalistas, guerras de supremacia étnicas, movimento antivacinação, terraplanismo e tantos outros aspectos que seria desejável — e esperado — que não mais existissem. Contextos que ainda trabalham com as categorias heresia/salvação. A ciência não é heresia, mas também não é salvação. É um modo de pensar pautado em evidências e na busca da minimização das margens de erro, que tomam forma em seus métodos. Os interesses ideológicos, políticos e culturais costumam significar a ciência em um espectro entre a heresia e a salvação, dependendo do seus próprios posicionamentos e interesses. À divulgação científica, não cabe defesas ou ataques, mas sim a mediação.

A disseminação da desinformação na cultura midiatizada contemporânea se revela como um obstáculo significativo para a educação científica. Stephan Lewandowsky e colaboradores (2017) observaram que o processo de desinformação contemporâneo, pautado na chamada *pós-verdade*, é atravessado por relações complexas, que vai do interesse político de alguns grupos na promoção na desinformação à conformação social que perdeu suas crenças em estatutos racionais e se entrega a um relativismo radical, colocando o *desejo pessoal* acima do *pensamento pautado em evidências*, da comprovação.

Nessa zona conflituosa, o dilema entre os benefícios e as controvérsias associados ao avanço científico é uma constante que ganha considerável espaço na literatura acadêmica, desde estudos de caso históricos até análises de fenômenos contemporâneos. Investir na ampla divulgação do conhecimento científico é, hoje, a única estratégia que nos parece eficaz para a edificação de uma ponte que auxilie a sociedade contemporânea a transcender as águas turbulentas entre o conhecimento científico, o senso comum e a indústria da desinformação, com o distanciamento necessário para não se deixar levar pela correnteza.

1.1.4 Divulgação científica e letramento científico em tempos de pós-verdade

Um dos principais objetivos da divulgação científica é promover o letramento científico na sociedade, ou seja, oportunizar a compreensão mais profunda do método científico, da avaliação crítica de informações e da capacidade de tomar decisões informadas, indo além da simples exposição de fatos, termos e teorias científicas. Enfim, o letramento científico envolve capacitar o indivíduo para compreender e aplicar o saber científico; observar criticamente o processo de construção de uma pesquisa e seus resultados; avaliar informações científicas e auxiliar no desenvolvimento de competências para a tomada de decisões baseadas em evidências científicas.

Como enfatiza John Miller, em "Civic scientific literacy: the role of the media in the electronic era" (2010), o letramento científico é fundamental em uma sociedade cada vez mais dependente da ciência e da tecnologia e envolve três dimensões principais:

- o entendimento de conceitos e princípios científicos básicos;
- a familiaridade com o processo e o método científico; e

- a capacidade de aplicar o conhecimento e o entendimento em situações cotidianas.

Stephen Norris e Linda Phillips argumentam, no artigo "How literacy in its fundamental sense is central to scientific literacy" (2003), que o letramento científico é uma ferramenta de empoderamento dos cidadãos, permitindo-lhes questionar, analisar e avaliar criticamente as informações científicas apresentadas a eles. Esse tipo de entendimento nos leva a perceber o quanto especialmente relevante é a divulgação científica em uma era marcada por desafios globais como as mudanças climáticas e as pandemias, em que a capacidade de interpretar e agir com base em informações científicas é, simultaneamente, vital para o bem-estar coletivo e a sustentabilidade, e precária para grande parte da população global.

Nesse sentido, cabe ao divulgador se posicionar como um agente que atua para o desenvolvimento e a construção de uma cidadania informada e responsável. Isso implica um papel estratégico para o desenvolvimento da capacidade de compreensão e de interpretação das informações científicas, bem como o desenvolvimento de habilidades para uma participação ativa em debates e decisões políticas que envolvem questões científicas e tecnológicas. Portanto, como estratégia de resistência ao paradigma da pós-verdade.

Em 2004, Jon Miller destacou, em "Public Understanding of, and Attitudes toward, Scientific Research", que, ao longo de quatro décadas (anteriores à publicação do artigo), foi observado nos Estados Unidos um fenômeno interessante. Embora a taxa cívica de letramento científico tivesse se aproximado de 20%, existia uma crença pública forte e contínua no valor da pesquisa científica para a prosperidade econômica e para a qualidade de vida. Mesmo havendo algumas reservas contínuas em relação ao ritmo de mudança gerado pela ciência e tecnologia e à relação entre ciência e fé, o público consistentemente demonstrava percepções favoráveis à ciência. Esse cenário, entretanto, sofreu grande mudança a partir de 2016, ano que teve como marco a eleição de Donald Trump. Até a data da escrita deste livro, Trump estava sendo recorrentemente apontado como fomentador de estratégias de desinformação midiática, sendo alvo de processos em razão disso. Foi nesse contexto que Miller observou o crescimento do negacionismo científico e do fenômeno da *pós-verdade* sendo impulsionados socialmente.

O conceito de *pós-verdade* foi popularizado na sequência de eventos políticos de grande impacto simbólico global, como o referendo do Brexit e a eleição presidencial dos Estados Unidos, em 2016, sendo escolhida, naquele mesmo ano, como a "Palavra do Ano" pelo Dicionário Oxford. O termo refere-se a um fenômeno cultural e político em que as emoções e as crenças pessoais exercem mais influência sobre a opinião pública do que fatos objetivos. Nesse contexto, a desinformação e os apelos emocionais frequentemente superam a veracidade factual na formação da opinião pública. Os pesquisadores Lewandowsky e seus colaboradores (2017) argumentam que a era da pós-verdade é facilitada pela rápida disseminação de informações por meio das redes sociais, onde notícias falsas podem se espalhar seis vezes mais rápido do que notícias verdadeiras.

Esse fenômeno tem sido objeto de intenso escrutínio acadêmico e social, dada a sua capacidade de corroer o discurso democrático e o respeito pela expertise. Estudos como *Science Knowledge and Attitudes across Cultures* (Allum *et al.*, 2008) mostram uma associação entre maior letramento científico e contextos em que há atitudes mais positivas em relação à ciência, ensejando maior engajamento em questões públicas relacionadas à ciência. Isso corrobora o entendimento de que a Divulgação Científica vai além de um processo de tradução de linguagem do contexto acadêmico para o da sociedade em geral. O campo é atravessado por todo uma complexidade de componentes que dialogam inclusive com questões de democratização do conhecimento. Em uma época em que o acesso à informação é frequentemente condicionado por barreiras socioeconômicas, a disseminação ampla e eficaz de informações científicas torna-se um ato político. Esse fato foi evidenciado, intensamente, durante a pandemia de COVID-19, quando o acesso a informações claras e baseadas em evidências era vital para a saúde pública.

1.1.5 Divulgação científica e o estabelecimento de confiança pública

A confiança pública na ciência é outro aspecto que não pode ser visto como menor no que tange à divulgação científica. A perda de confiança em um saber estruturado e baseado em evidências pode levar a desinformação e a decisões políticas e pessoais mal-informadas, prejudiciais à sociedade. No artigo "Gaining trust as well as respect in communicating to motivated audiences about science topics" (2014), Susan Fiske e Cydney Dupree argumentam que a comunicação eficaz produzida por especialistas em campos científicos pode melhorar significativamente essa confiança. Quando uma informação é divulgada contando com uma referencialidade que permita a recuperação da sua origem, tende a haver o aumento da credibilidade por um lado, e a diminuição de eventuais distorções produzida exclusivamente por um não especialista, por outro.

Em *Science in Society* (2013), Massimiano Bucchi enfatiza que a confiança do público na ciência depende da precisão dos fatos apresentados e de como esses fatos são contextualizados e interpretados. Ele argumenta que a divulgação científica enfrenta o desafio de equilibrar a complexidade e a incerteza inerentes à ciência com a necessidade de tornar o conteúdo acessível e relevante para um público não especializado. Sem esse equilíbrio, a desinformação pode se espalhar rapidamente, especialmente nas mídias digitais. A responsabilidade recai sobre os divulgadores de ciência que, ao transmitir informações, devem se atentar para fazê-lo de forma precisa e com referenciais, fomentando o pensamento crítico e a compreensão pública sobre a natureza da pesquisa científica. É importante dar a perceber que todo conhecimento científico diz respeito a um momento histórico, a uma fase em um processo contínuo de descobertas, estando sempre sujeito a revisões. Bucchi (2013) destaca, ainda, que a divulgação científica eficaz deve ir além da mera apresentação de descobertas; deve também envolver a explicação do processo científico, incluindo suas limitações e o contexto em que a pesquisa ocorre. Isso ajuda a construir uma relação de confiança e compreensão entre a ciência e a sociedade.

Ao oferecer para o público indicações para a rastreabilidade das informações, o divulgador está criando oportunidades para a construção da confiança pública, bem como para o aprofundamento do seu público em relação àquilo que foi divulgado. Todavia, essas fontes podem não estar acessíveis à sociedade em geral. Nesse caso, ganha ainda mais relevo o papel do planejamento da divulgação científica, pois caberá a ela criar camadas de referencialidade, desde o artigo científico publicado em uma revista científica importante até a fala de um especialista coletada em entrevistas, por exemplo. São recursos que auxiliam na construção do discurso de autoridade, ou seja, em uma forma de comunicação por meio da qual o enunciador estabelece a credibilidade de seus argumentos a partir de conhecimentos especializados em um determinado assunto.

Esse tipo de discurso é caracterizado pelo uso de linguagem técnica, referências a pesquisas ou dados relevantes e, frequentemente, apoia-se na reputação ou na posição institucional de uma fonte para reforçar a validade das afirmações. Em contextos de divulgação científica, o discurso de autoridade se torna uma ferramenta útil para auxiliar na transmissão de informações que passem confiabilidade para o seu público, demonstrando precisão e relevância na origem (fonte) das ideias ou descobertas divulgadas. No entanto, é importante que tal discurso seja baseado não só em evidências, mas sobretudo em um posicionamento ético do conteúdo em relação às suas fontes, evitando o risco de cair em falácias de autoridade, ou seja, no uso indevido da credibilidade da fonte para justificar argumentos sem fundamentação adequada. Em *Communicating scientific uncertainty* (2014), Baruch Fischhoff e Alex Davis argumentam que a transparência na comunicação de riscos e benefícios, assim como a clareza sobre as incertezas envolvidas, são elementos-chave para estabelecer uma relação de confiança com o público.

Diante de tudo isso, é possível perceber que a noção de credibilidade é construída dentro de contextos sociais e políticos. Ela não surge apenas do rigor metodológico ou da precisão dos resultados.

Pelo contrário, trata-se de uma relação direta com a percepção pública sobre a integridade e a imparcialidade dos cientistas. Em um mundo no qual a ciência está cada vez mais entrelaçada com questões de grande impacto social, essa confiança se torna uma bússola, principalmente se considerarmos a intensa abundância, nem sempre válida e coerente, de informação disponíveis na sociedade contemporânea. O aceleramento das condições tecnológicas de consumo de informação, a descentralidade dos fluxos de informação e a hipersegmentação social favorecem a leitura apressada e superficial, bem como a falta de reflexão que se estabelece quando há tempo para processar as informações que nos chegam. O contexto contemporâneo, portanto, arregimenta condições muito mais propícias à proliferação do engano do que da certeza.

Em 1998, surgiu uma grande controvérsia em torno do estudo de Andrew Wakefield, que falsamente ligava vacinas ao autismo. Esse foi um exemplo claro de como a falta de integridade científica pode abalar a confiança e ter consequências duradouras para a saúde pública. Por outro lado, um exemplo contrário, que demonstra como a confiança na ciência pode ser fortalecida a partir de uma comunicação clara e baseada em evidências, foi a rápida mobilização e a comunicação transparente durante a pandemia de COVID-19, por instituições como a Organização Mundial da Saúde (OMS) e os Centros de Controle e Prevenção de Doenças (CDC).

A divulgação científica precisa ser eficaz e transparente especialmente em questões de grande relevância social. Isso significa mais do que simplesmente transmitir dados. Trata-se, sim, de estabelecer uma comunicação que consiga engajar, educar e inspirar o público. Para tanto, deve transformar conceitos complexos em narrativas acessíveis e relevantes, mantendo, ao mesmo tempo, a precisão científica. Este talvez seja um dos pontos mais desafiadores: não cair no reducionismo ou na simplificação excessiva que leve à deformação da informação que se pretende traduzir, nem se manter no hermetismo sem criar camadas de informações que auxiliem no esclarecimento dos conceitos, procedimentos ou processos. O exercício da tradução, em qualquer nível ou contexto, nunca é simples, pois envolve diferentes matrizes de pensamento, diferentes culturas e sistemas de representações.

Outro aspecto que não pode ser negligenciado diz respeito ao entendimento claro, por parte dos divulgadores, sobre o contexto do público-alvo, incluindo seus valores, crenças e possíveis níveis de compreensão já estabelecidos. Já que o objetivo é criar uma ponte entre o conhecimento especializado e o conhecimento cotidiano, incentivando o pensamento crítico, é preciso ter no horizonte de planejamento da ação o que desperta a curiosidade do público (elemento novo) e o que já lhe é familiar, que pode ser usado como catapulta para o nível que se deseja alcançar.

1.1.6 Facilitação da comunicação entre comunidades científicas e *advocacy*

É muito comum pensar a divulgação científica apenas como uma atividade voltada para a sociedade externa ao universo acadêmico, todavia ela pode ser vista também como ação necessária entre a própria comunidade científica, articulando campos de saberes reciprocamente "leigos", por exemplo, levando a divulgação de saberes das ciências sociais aos cientistas de saúde, saberes da física aos pesquisadores de linguística, dentre inumeráveis interfaces dentro do universo acadêmico, nos quais o *especialista* de uma área é um *não especialista* da outra.

Pensando nesse sentido, a divulgação científica também atua na tradução de saberes entre diferentes comunidades científicas, podendo ser usada para promover letramentos científicos interdisciplinares e visando resolver problemas complexos, o que tem se mostrado cada vez mais necessário no atual contexto global.

A articulação entre diferentes áreas da ciência pode ir além do objetivo de compartilhar conhecimento científico e pesquisas com o público não especializado, recorrentemente representado como os atores do cotidiano (o "cidadão comum"). Isto é, as ações de divulgação científica podem ser voltadas também para atores sociais específicos como os agentes políticos e administrativos dos diferentes poderes a fim de traduzir conhecimentos científicos para influenciar, significativamente, as políticas públicas. A colaboração entre epidemiologistas, economistas e cientistas sociais na divulgação convergente dos saberes de seus campos pode ser vital para o desenvolvimento de estratégias eficazes de saúde pública, situações de crise etc. Trata-se do papel da divulgação científica a serviço da *advocacy*.

O termo *advocacy* pode ser traduzido como "defesa" ou "promoção", referindo-se à prática de defender ou apoiar uma causa ou proposta específica no contexto da ciência. Nesse sentido, a divulgação científica pode contribuir para promover o entendimento público da ciência, influenciar políticas públicas baseadas em evidências científicas, ou mesmo apoiar o financiamento e a pesquisa em áreas específicas da ciência, investindo na tradução do saber dessas áreas e sua relevância social, política e econômica.

Essa convergência, na defesa da ciência, envolve atividades que visam informar e mobilizar apoio e recursos para causas científicas importantes, favorecendo que políticas sejam formuladas com a compreensão mais ampla dos aspectos científicos que as atravessam. Isso pode se dar por meio da organização de eventos de divulgação para comissões parlamentares, entidades representativas etc. Em 2023, por exemplo, a Comissão de Saúde da Câmara dos Deputados e frentes parlamentares iniciaram discussões sobre as principais doenças causadoras de morte no país. Sabidamente, tais comissões são formadas por participantes com diversificadas formações (não especialistas), sendo os processos de divulgação científica importantíssimos para promover a tradução de informações científicas atuais e relevantes para a formação de consensos em torno, nesse caso, de políticas públicas em saúde.

Vista desse modo, a divulgação científica aponta para possibilidades de ação que vão desde o chão da escola até as instâncias políticas dos três poderes, ou seja, pode ser entendida como um campo com potencial para diferentes perspectivas e experiências, que mobiliza variadas questões, necessidades e pontos de vista.

Essa compreensão nos permite concluir que ela não é apenas uma atividade periférica para cientistas, mas uma necessidade societal e ética.

1.2 Aspectos históricos da divulgação científica

Apontar "a origem" da divulgação científica é uma tarefa árdua e de resultados duvidosos em termos exatos, todavia traços do entendimento que temos hoje podem ser encontrados difusos ao longo da história humana. O esforço para construir uma genealogia nos leva a examinar traços de possíveis origens das movimentações com o objetivo de popularizar a ciência a partir de alguns gestos pontuais e contextuais que ganham certo relevo histórico.

1.2.1 A "divulgação científica" antes da divulgação científica

A história da divulgação científica remonta a séculos passados, quando os esforços para compartilhar o conhecimento científico com o público em geral começaram muito pontualmente e, em caráter de exceção, a tomar forma. Embora os métodos e os meios tenham evoluído ao longo do tempo, o objetivo central da divulgação científica sempre foi tornar a ciência mais acessível e compreensível para as pessoas fora do mundo acadêmico.

Pequenas ações nesse sentido podem ser observadas desde a antiguidade, mas não podem nem devem ser consideradas em "Divulgação Científica", tendo em vista que o próprio campo da Ciência — compreendido como um processo dinâmico e interativo de investigação ligado à aplicação de um método — somente viria a ser construído muito tempo depois.

Nas civilizações antigas, como a grega e a romana, estudiosos do quilate de Sócrates, Aristóteles, Pitágoras e Hipócrates comunicavam suas ideias sobre a natureza, a sociedade e o pensamento humano para o público em geral por meio de diálogos e palestras.

Não podemos falar que faziam Ciência, mas indubitavelmente estavam estabelecendo as bases sobre as quais se estabeleceriam mais a frente os estudos científicos. Por essa razão, usaremos o neologismo *demicientífico* para nos referimos a esses estudos seminais em contextos que antecederam a formação da Academia e da Ciência como percebidas contemporaneamente. A combinação das palavras "demi" (do francês, significando "meio" ou "parcial") e "científico" refere-se a saberes que apresentam alguns, mas não todos, os aspectos ou características da Ciência propriamente dita. Portanto, aspectos relacionados com as preocupações e buscas de compreensão racional e sistemática, que tentavam compreender a existência a partir de reflexões sobre o comportamento dos astros, da matemática, da fisiologia humana, dentre outras.

Na Grécia Antiga, por exemplo, filósofos como Tales de Mileto, Pitágoras e Aristóteles procuravam compreender a natureza e o mundo natural por meio da observação e do raciocínio. No entanto, seus esforços eram frequentemente combinados com especulações filosóficas e crenças religiosas. A ciência estava intimamente ligada à filosofia natural, à metafísica e à religiosidade, e não era clara a distinção entre essas esferas.

A civilização greco-romana não foi, contudo, a única a desenvolver saberes dessa ordem demicientífica. No mundo islâmico e oriental medieval, foram produzidos estudos, traduções e comentários extremamente relevantes do ponto de vista científico. Jonathan Lyons (2009), em *The House of Wisdom: How the Arabs Transformed Western Civilization*, e Seyyed Hossein Nasr (1968), em *Science and civilization in Islam*, descrevem a contribuição islâmica para a disseminação do conhecimento greco-romano, contribuindo para a preservação e o avanço desses conhecimentos além de suas fronteiras.

Durante a Idade Média, particularmente na Europa Ocidental, a Igreja Católica exerceu uma influência significativa sobre a ciência e suas possibilidades de estudo. A religião e a teologia moldaram muitas ideias sobre a natureza do mundo e do universo, por exemplo com o banimento de obras e pensadores, como Copérnico e sua visão heliocêntrica, culminando no Édito Papal que considerava heresia punível com a morte a defesa de teses alinhadas com tal perspectiva. A busca pelo conhecimento não era separada das crenças religiosas, e a ciência frequentemente coexistia com a fé.

Por outro lado, é importante destacar, que a Escolástica, um sistema de pensamento que prevaleceu nas universidades medievais, tentava harmonizar a filosofia e a teologia com a razão e a lógica, que influenciariam, posteriormente, na formação da Accademia dei Lincei (Academia dos Linces), de Roma, fundada em 1603, por Federico Cesi, considerada uma das primeiras academias científicas da era moderna. Muitos estudiosos medievais viam a ciência como uma forma de compreender e explorar a obra divina.

Frequentemente marcada por uma relativa estagnação científica, a ciência da Europa Ocidental se contrastava com os estudiosos de regiões como o Oriente Médio, o Norte da África e a Ásia Central, que fizeram contribuições significativas em campos como matemática, astronomia, medicina, química e outros. O tradicional interesse islâmico pelo aprendizado levou à fundação de bibliotecas e universidades, como a famosa Casa da Sabedoria ("بيت الحكمة" — Bayt al-Hikmah), em Bagdá, onde textos gregos e romanos eram traduzidos para o árabe. Essas traduções e a preservação de conhecimentos antigos, combinadas com inovações originais, salvaguardaram o legado demicientífico clássico e o enriqueceram, preparando o terreno para o eventual Renascimento europeu. Personalidades como Al-Khwarizmi, na matemática; Ibn Sina (Avicena), na medicina; e Alhazen, na óptica são apenas alguns exemplos da rica tradição científica do mundo islâmico e oriental na Idade Média.

No Extremo Oriente, especialmente na China, no período da Dinastia Song (960-1279), houve notável florescimento da tecnologia e da inovação demicientífica. Nesse período, são registrados avanços significativos em áreas como astronomia, matemática, engenharia e medicina. Os chineses da época também fizeram descobertas pioneiras, como a invenção do papel, da bússola, da pólvora e da impressão, que impulsionaram mais tarde o desenvolvimento da ciência e da tecnologia em todo o mundo. Essas inovações foram disseminadas em território chinês por meio de uma rede bem estabelecida de escolas e academias confucionistas, além da circulação de textos e manuscritos, apesar de não haver, obviamente, estruturas organizadas de pesquisa e instituições científicas como existem hoje.

1.2.2 Associativismo científico e a formação do campo da divulgação científica

A divulgação científica, como um esforço organizado e sistematizado para comunicar conhecimentos científicos a um público não especializado, começou a esboçar seus primeiros passos no século XVII e ganhou maior evidência no século XIX, em consequência do desenvolvimento de paradigmas científicos mais ligados a uma ciência profissional e à necessidade de comunicar descobertas científicas para além dos círculos acadêmicos.

O historiador Anthony Alioto (1992) enfatiza o fato de que a ciência surge da necessidade de resolver problemas, sendo o maior deles a simples sobrevivência, e para atender a essa necessidade, os humanos têm criado e testado hipóteses sobre o mundo natural provavelmente desde que existem no planeta Terra. Apesar da origem daquilo que chamamos Ciência ser imprecisa, os primeiros traços da preocupação em comunicar ciência apontam para o surgimento da necessidade de troca de informações entre os próprios cientistas, ou seja, inicialmente como comunicação científica. Esses traços ganharam relevo em meados do século XVII, e maior impulso com o associativismo científico, quando associações científicas em diferentes países começaram a se formar impulsionando a profissionalização da figura do cientista no século XIX e de sua prática como um campo de atuação social.

Na Itália, pode ser encontrado um importante marco da preocupação em tornar o conhecimento mais acessível, na obra de Galileu Galilei. O paradigma da razão científica surgiu como uma nova maneira de compreender o mundo, substituindo gradativamente as explicações baseadas em crenças religiosas. Esse paradigma foi especialmente fortalecido durante o Renascimento, período em que o pensamento humanista e científico começou a ganhar destaque. Durante essa época, a sociedade começou a buscar explicações além das narrativas míticas e religiosas para fenômenos naturais e sociais, todavia os textos acadêmicos eram produzidos em latim, "a língua dos doutos", afastando o conteúdo do cidadão comum.

Galileu foi um dos protagonistas dessa mudança paradigmática, frequentemente considerado o pai da ciência moderna, não somente por desafiar a visão geocêntrica do universo, que colocava a Terra como centro de tudo, e defender o modelo heliocêntrico de Copérnico, que posicionava o Sol no centro do sistema solar, mas por escrever boa parte de sua obra não em latim, mas na língua fiorentina corrente na época. Essa defesa foi uma mudança em termos astronômicos e representou um ponto de virada na maneira de produzir e compartilhar conhecimento. Do ponto de vista dos estudos sobre divulgação científica, Galileu pode ser considerado um dos pioneiros em tornar, deliberadamente, mais acessível suas pesquisas.

Ao escrever suas teses, cartas e defesas, não raro, na "língua do povo" (*vulgare*), estabeleceu uma nova relação entre especialista e não especialistas. Foi particularmente notável na publicação de *Dialogo sopra i due massimi sistemi del mondo* (Diálogo Sobre os Dois Principais Sistemas do Mundo), de 1632, em que tentava tornar o conteúdo científico acessível a um público mais amplo para sustentar a perspectiva heliocêntrica.

Ao escolher uma língua coloquial em vez do latim, Galileu facilitou o entendimento de suas ideias por pessoas fora da comunidade acadêmica, o que foi uma escolha, por um lado, significativa em termos de aumentar o horizonte de penetração de seus textos e, por outro, controversa na época por romper com o hermetismo acadêmico. Essa abordagem refletiu seu desejo de democratizar o conhecimento produzido por ele e influenciou o desenvolvimento da ciência moderna, permitindo que um público mais amplo, além dos acadêmicos, pudesse se engajar com suas ideias.

Esse movimento de Galileu foi além da mera mudança linguística, pois representou uma busca de legitimação da ciência como forma de conhecimento independente, tendo em vista que a maioria dos centros acadêmicos era de domínio da Igreja Católica. Desse modo, produzia uma ação afirmativa do discurso científico como sendo capaz de coexistir e dialogar com o discurso religioso, mas com grau de independência. A defesa de Galileu e seu compromisso com a difusão do conhecimento marcaram um ponto importante na história da ciência, pois ele estabeleceu a noção de que a ciência poderia oferecer explicações alternativas e complementares à religião.

No século XVII, surgiram também as primeiras academias científicas, que tiveram destacado papel na evolução do pensamento e da prática científica. Essas academias serviram como precursores para as modernas associações/fundações de pesquisa, servindo de paradigma para a estruturação do conhecimento científico e acadêmico.

A Accademia dei Lincei, já citada anteriormente, teve um papel fundamental no avanço do conhecimento científico durante o período do Renascimento e além. O termo "Lincei" (em italiano) refere-se ao lince, um animal que, na época da fundação da academia, era associado à agudeza de visão, simbolizando a perspicácia e a observação atenta que a academia pretendia encorajar em suas investigações científicas

Sua filosofia era baseada na procura pelo conhecimento por meio da observação direta e da experimentação, contrapondo-se às abordagens predominantemente teóricas e especulativas da ciência medieval. Esse enfoque empírico representou uma ruptura com as tradições científicas anteriores, encorajando uma abordagem mais prática e observacional da natureza.

Seu papel foi fundamental na época da Revolução Científica, contribuindo para o avanço de diversas áreas do conhecimento, incluindo astronomia, biologia, física e geografia. Nesse contexto, serviu como plataforma para a discussão e a divulgação de descobertas científicas. Seu apoio à publicação de trabalhos científicos inovadores ajudou a disseminar novos conhecimentos por toda a Europa.

Um dos seus membros mais famosos foi Galileu Galilei, ao lado de outros membros notáveis como Francesco Stelluti e Federico Cesi, fundadores da academia e figuras centrais na promoção do intercâmbio intelectual e na defesa do livre pensamento científico.

A Accademia dei Lincei influenciou o desenvolvimento da ciência em sua época, e estabeleceu um modelo para futuras sociedades científicas. Sua ênfase na observação, na experimentação e na discussão aberta pavimentou o caminho para o moderno método científico e para a formação de uma comunidade científica mais colaborativa e interdisciplinar. Ela ainda existe, e continua relevante até hoje, promovendo a pesquisa científica e a colaboração internacional. Seu histórico ilustra a importância da curiosidade, do rigor científico e da liberdade intelectual — valores que continuam a ser fundamentais para o progresso científico, bem como do diálogo entre o saber científico e a sociedade em geral.

Como membro ativo da Accademia, Galileo foi um árduo defensor da necessidade de levar o saber científico para além dos muros acadêmicos. As ações da Academia não se limitavam ao seu grande expoente histórico, ela promovia também frequentes palestras e discussões de temas polêmicos para sua época.

Outra importante instituição na constituição das bases históricas da divulgação científica foi a Academia Leopoldina ("Leopoldina — Nationale Akademie der Wissenschaften", ou simplesmente "Leopoldina"), fundada em 1652, em Schweinfurt, na atual Alemanha. Ela está entre as mais antigas academias de ciências do mundo. Trata-se de uma instituição de grande prestígio, que desempenhou um papel de destaque tanto na produção de conhecimento científico quanto na disseminação desse conhecimento. Desde sua fundação, ela ultrapassou as barreiras do conhecimento convencional, incentivando a liberdade intelectual e a discussão crítica tanto entre seus membros como entre pessoas externas por meio de publicações, conferências e reuniões. Fomentava, assim, o intercâmbio de ideias e descobertas, impactando no desenvolvimento científico, especialmente na Europa.

Ao longo dos séculos, a academia acolheu alguns dos cientistas mais renomados da história, cujas descobertas moldaram o curso da ciência moderna. Entre eles, figuraram Carl Linnaeus, responsável pela sistematização da nomenclatura biológica, e Albert Einstein, cujas teorias revolucionaram nossa compreensão do universo. A presença desses luminares elevou o prestígio da Leopoldina e garantiu que ela permanecesse na vanguarda do pensamento científico.

Atualmente, a Leopoldina continua promovendo a difusão do conhecimento científico por meio de numerosas ações, que vão do aconselhamento científico para decisões políticas à promoção de palestras, reuniões, debates etc. É responsável, ainda, pela série de publicações *Nova Acta Leopoldina*, que começou a ser publicada no início do século XIX, e que apresenta pesquisas científicas importantes. Trata-se de uma continuação da série original *Acta Leopoldina* que começou a ser publicada já no século XVII.

Nessa época, houve um movimento entre cientistas para se organizarem e compartilharem informações, levando à formação de instituições como a Real Sociedade (*The Royal Society of London for Improving Natural Knowledge*, também conhecida como *The Royal Society*), de Londres, fundada em 1662. Ela foi um epicentro para o avanço do conhecimento científico, servindo como fórum para cientistas compartilharem descobertas, debaterem ideias e colaborarem em pesquisas. Fizeram parte de seu quadro de associados cientistas como Isaac Newton, Charles Darwin e Michael Faraday. As discussões e as descobertas dessa sociedade começaram a ser documentadas e publicadas em periódicos, como o *Philosophical Transactions of the Royal Society*, de 1665.

Não se tratava, ainda, de um escopo voltado para o público não especialista (divulgação/popularização), mas para a necessidade da própria comunidade científica em fazer o conhecimento circular. Obviamente, estavam em um contexto no qual os meios de comunicação não permitiam a velocidade de trocas, nem tampouco a constituição acessível de grandes e acessíveis bancos de dados. Nesse sentido, o papel da *Royal Society*, como uma das instituições científicas mais antigas do mundo ainda em funcionamento, pode ser considerado um marco na produção e na difusão do conhecimento científico. Todavia, ainda estava bastante longe do acesso à sociedade como um todo. Apesar de ser mais uma prática de comunicação científica do que de divulgação científica propriamente dita, essas publicações evoluíram para o que conhecemos hoje como revistas científicas, contribuindo para a construção da ideia de que o saber científico poderia ultrapassar limites geográficos e constituir redes de colaboração.

A evolução da popularização da ciência ao longo da história é composta por sucessivas mudanças em sua comunicação, retóricas, exigências e até mesmo em seu público. Essa evolução envolve mudanças entre *episteme* (conhecimento científico ou especializado) e *doxa* (conhecimento público). Durante o século XVII, a ciência era praticada de maneira eclética, sem uma distinção clara entre *episteme* e *doxa*. Isso se justifica pelo fato de que as instituições científicas ainda não estavam tão consolidadas e legitimadas quanto na atualidade. De modo geral, essa consolidação envolveu diversas alterações no esforço de alcançar o equilíbrio entre esses dois aspectos. Equilíbrio delicado que, em muitos contextos ainda hoje, colocam a balança em movimento, como no caso das *fake news*, do negacionismo e outros.

As instituições associativas tiveram um papel extremamente relevante na constituição dos campos de pesquisa. A Real Sociedade, por exemplo, alinhada aos ideais baconianos, valorizava a contribuição de pessoas de diversas profissões e se dedicava a compilar e a sistematizar informações sobre fenômenos naturais e experimentais. Essa orientação serviu para consolidar mais tarde princípios como rastreabilidade de fontes, avaliação por pares etc.

Observamos, assim, que a divulgação científica, como um campo formal de atividade, tem claramente suas raízes no período do Iluminismo, quando a ciência começou a ser vista como um meio para educar o público e informar a sociedade sobre descobertas e inovações. Desse modo, no século XVIII, encontramos os primeiros traços para o desenvolvimento do que entendemos hoje como divulgação científica. Não se trata da compreensão atual, mas dos primeiros esforços de filósofos e cientistas, como Voltaire e Newton, para popularizar o conhecimento científico. Naquele momento, a ênfase estava em usar a razão para questionar e compreender o mundo.

Aliás, durante o século XVIII até o início do XIX, a ciência e outras atividades continuaram inseparáveis, com figuras como

Benjamin Franklin e Joseph Priestley envolvidas em uma variedade eclética de campos de atuação. Essa época foi marcada por uma abordagem pessoal e acessível na comunicação científica. Franklin e Priestley ilustram bem a natureza interconectada dos campos de conhecimento no período.

Desde então, tornou-se prática comum dessas associações a promoção de ações de disseminação de pesquisas científicas, dentro do paradigma de cada momento no espaço e no tempo de suas existências. Organizam palestras públicas, exposições e eventos que servem para popularizar a ciência e torná-la acessível a um público mais amplo.

É indispensável ter em mente que estamos nos referindo a estágios seminais da divulgação científica. As academias de ciências trabalhavam dentro de um modelo elitista e aristocrático, característico do contexto da Europa do século XVII, mas as primeiras preocupações em ampliar os diálogos constituem passo legítimo e inegável na construção do percurso que estamos estabelecendo. Eram preocupações que surgiam em diferentes regiões, mas que convergiam para a adoção de medidas de abertura do hermetismo elitista, refletindo transformações culturais, bem como a emergência de novas necessidades científicas e socioculturais das sociedades.

O legado dessas academias e de tantas outras, igualmente relevantes, como a Academia de Ciências (*Académie des Sciences*), de Paris, fundada em 1666, e a Academia da Prússia (*Preußische Akademie der Wissenschaften*), de Berlim, fundada em 1700, pode ser observado como um estágio embrionário da divulgação científica antes da Divulgação Científica. Nesse sentido, foram instituições pioneiras, estabelecendo as bases para a moderna acepção do termo.

Mais tarde, ao longo do século XIX, o aumento de práticas mais abrangentes da circulação do saber científico ganhou maior impulso. A fundação da Associação Britânica para o Avanço da Ciência (*British Association for the Advancement of Science* — BAAS, atual *British Science Association* — BSA), em 1831, destacou entre seus objetivos o de promover a ciência, facilitar a comunicação entre cientistas e engajar o público com a ciência. Ela organizava reuniões anuais que incluíam palestras públicas e demonstrações destinadas a um público não especializado, algo inovador para a época.

Ainda nesse período, deve ser destacado o fenômeno da circulação de revistas e publicações voltadas para a divulgação científica. A revista *Scientific American*, por exemplo, fundada em 1845, visava levar informações científicas e tecnológicas ao público geral. Na mesma linha, a revista *Nature*, fundada em 1869, começou como uma publicação semanal destinada a tornar a ciência acessível a um público educado, mas não necessariamente especializado, vindo depois a se alinhar mais com o processo de comunicação científica entre pares, tornando-se um dos periódicos mais influentes do mundo.

A divulgação do conhecimento científico pelas publicações não se limitava ao formato informativo objetivo (discurso lógico-formal) das instituições associativas. Publicado anonimamente, em 1844, a obra *Vestiges of the natural history of creation* (Vestígios da História Natural da Criação), de Robert Chanbers, tornou-se um fenômeno na era vitoriana, atraindo mais de cem mil leitores com uma narrativa que abrangia desde a formação do sistema solar até o destino espiritual da humanidade. A obra combinava teorias de várias áreas científicas como astronomia, geologia, psicologia e economia, gerando intensas reações, que variaram entre a aclamação e a condenação. Além de despertar debates sobre evolução, ele refletiu a tensão entre a ciência emergente e as crenças religiosas da época.

Em *Victorian popularizers of science: designing nature for new audiences* (2016) (Divulgadores Vitorianos de Ciência: Desenhando a Natureza para Novos Públicos), Bernard Lightman examina a obra de mais de 30 divulgadores vitorianos, destacando suas técnicas envolventes de apresentação, uso de ilustrações impactantes e abordagens literárias de fácil compreensão para engajar o público não especialista. Embora o foco de Lightman (2016) esteja nesses escritores, seus editores e leitores, o estudo nos permite perceber como a ideia de divulgação de ciências estava se disseminando como aspecto relevante para a sociedade da Grã-Bretanha no século XIX.

As contribuições de Charles Darwin e de outros cientistas da era vitoriana deixaram uma marca profunda no mundo contemporâneo. No entanto, na época da publicação de *A Origem das Espécies*, em 1859, era comum que o público britânico buscasse a interpretação das teorias científicas por meio de escritores e jornalistas especializados, que traduziam conceitos complexos para uma linguagem mais acessível. Esse fato reforça a tese de que a atividade de divulgadores científicos passa a se caracterizar com os contornos atuais nesse contexto, ou seja, quando se estabelece deliberadamente como uma prática de tradução da linguagem hermética da academia para a linguagem cotidiana da sociedade.

Figuras históricas como Thomas Huxley desempenharam um papel ativo e referencial na promoção da ciência ao público não especialista. Huxley era um defensor apaixonado da educação científica e utilizava palestras públicas, debates e escrita popular para disseminar ideias científicas, especialmente a teoria da evolução de Darwin.

No século XX, a divulgação científica se expandiu ainda mais com o advento de novos meios de comunicação, como o rádio, a televisão e, posteriormente, a internet. Figuras como Carl Sagan, com sua série de televisão *Cosmos*, e programas de rádio e TV da BBC, desempenharam um papel significativo em tornar a ciência acessível e atraente para o público em geral.

Ao longo dos séculos XIX e XX, o processo de profissionalização e especialização da ciência e seus agentes continuou crescendo e se intensificando. Essa mudança, junto com o desenvolvimento de instituições voltadas para a ciência, levou à separação cada vez maior entre ciência e outras esferas do saber, por exemplo a arte e a religião. A comunicação científica também se tornou cada vez mais especializada, com distinções crescentes entre textos escritos para cientistas e para leigos, refletindo o surgimento de um campo de diálogo específico entre o especialista e o não especialista: a divulgação científica.

A evolução da tecnologia computacional e sua relação com a disseminação de informação na era digital contribuiu sobremaneira para o desenvolvimento do campo da divulgação científica já no início do século XX. O período das grandes guerras mundiais (1915-1940) revelou avanços significativos em tecnologia, embora em um contexto marcado por conflitos e necessidades militares. Em seguida, o desenvolvimento da tecnologia nuclear, em 1969, exerceu grande fascínio, temor e curiosidade em variadas populações, tanto no âmbito da ciência propriamente dita, quanto nos enviesamentos político-ideológicos que marcavam o período e suas populações.

Inicialmente, os computadores eram lentíssimos, se comparados aos atuais, mas representavam uma aceleração em relação ao processamento analógico nunca visto. Esses dispositivos não eram acessíveis, tanto em termos de custo quanto de tamanho, chegando a ocupar um andar inteiro de um prédio. Eram experiências pioneiras, que estabeleceram as bases para o incrível desenvolvimento tecnológico e computacional que experimentamos hoje.

Por outro lado, a década de 1980 viu florescer uma transformação tecnológica significativa em face do desenvolvimento dos computadores pessoais (PCs). Essa mudança culminou na entrada da tecnologia computacional em muitas casas e no cotidiano das pessoas. Se, por um lado, essa acessibilidade se limitava a uma classe média privilegiada, por outro, seu valor simbólico é, historicamente, inquestionável, pois representava o princípio de um processo de busca da democratização do acesso à tecnologia computacional. Esse foi um passo essencial na direção da revolução digital que se seguiria, que impacta diretamente na circulação do conhecimento científico e seus processos de tradução para a sociedade.

O fascínio tecnológico aliado ao paradigma de uma sociedade de consumo, no século XX, impulsionaram a produção de dispositivos e sua ubiquidade. Nesse cenário, surgiu uma forte confiança na ciência (*scientism*) e uma ampliação dos modelos de contrato social em torno dela, que não somente a percebia como separada do saber cotidiano (senso comum), mas que a assumia como esfera de saber superior a outras formas de conhecimento. Nesse sentido, firmam-se alguns modelos de relação à percepção pública sobre Ciência e Tecnologia, categorizadas por Dominique Brossar e

Bruce Lewenstein (2010), em quatro modelos: déficit, contextual, expertise leiga e participação pública.

- O **modelo de déficit** enfatiza a suplementação do conhecimento científico que falta ao público, como no caso das campanhas de educação sobre vacinação, que buscam informar e educar as pessoas sobre a importância e a segurança das vacinas, preenchendo uma lacuna de conhecimento pré-concebida.
- O **modelo contextual** considera que a recepção de informações científicas é influenciada por fatores sociais e pessoais dos indivíduos. Programas de TV, como *Cosmos*, de Carl Sagan, que relacionam conceitos científicos com questões sociais, históricas e filosóficas, mostrando que a compreensão da ciência é influenciada por fatores culturais e pessoais, ilustra bem esse modelo.
- O **modelo de expertise leiga** valoriza o conhecimento local, questionando a autoridade científica tradicional. Temos, nesse caso, as iniciativas de ciência cidadã, em que pessoas não especialistas contribuem com dados para projetos científicos (por exemplo, observação de aves), evidenciando que o conhecimento não científico pode ser valioso para a ciência.
- O **modelo de participação pública** tenta envolver o público na política científica. Embora Lewenstein pontue que esse modelo pode ser usado para desviar o foco da compreensão científica para a elaboração de políticas, partimos aqui de seu uso mais adequado, visto que empregos danosos são imanentes a tudo que está sujeito à intervenção humana. Trata-se, dessa forma, mais de uma questão ética do que categorial. Nesse modelo, podem ser incluídas ações como debates públicos sobre questões científicas controversas, como o uso de Organismos Geneticamente Modificados (OGM) na agricultura, em que se busca envolver o público na tomada de decisões políticas relacionadas à ciência, entre outros.

No contexto do século XX, portanto, a ciência passou a ser vista como guia para muitas decisões — do campo privado ao público.

Com a chegada da internet, que se originou de projetos de pesquisa dos anos 1960 e 1970, houve uma transformação ainda mais radical. Inicialmente, tratava-se de uma ferramenta de comunicação para cientistas e militares, mas se tornou uma rede global, interligando, digitalmente, pessoas e informações de maneira sem precedentes. A era digital, marcada pelo tráfego de informação em rede e pelas tecnologias digitais, revolucionou a forma como acessamos, compartilhamos e disseminamos informações, o que impactou diretamente tanto na comunicação científica, quanto em sua divulgação.

1.2.3 Divulgação científica no contexto da era do digital: fenômenos e desafios

A ciência na era digital experimentou uma evolução profunda e revolucionária na maneira como as pesquisas são conduzidas, comunicadas e aplicadas em face do desenvolvimento de novas tecnologias. As tecnologias digitais, especialmente, transformaram praticamente todos os aspectos da ciência, desde a coleta de dados até a disseminação de descobertas, abrindo novas possibilidades e desafios emocionantes.

Com a chegada da internet, a divulgação científica experimentou uma transformação ainda mais radical: blogs, sites especializados, plataformas de mídia social, *podcasts* e plataformas de vídeo e tantas outros tornaram a ciência mais acessível do que nunca. Cientistas, comunicadores e entusiastas passaram a compartilhar informações diretamente para o público, rompendo as barreiras tradicionais entre especialistas e não especialistas.

O avanço na coleta e na análise de dados tornou a ciência mais acessível e compreensível para o público. Com a disseminação de informações por meio de plataformas digitais e a simplificação de dados complexos com o uso de inteligência artificial, a ciência tornou-se mais próxima de diferentes estratos sociais. Isso facilitou a prática da divulgação científica, pois permitiu que pesquisadores e comunicadores de ciência apresentassem descobertas complexas de maneira mais clara e envolvente. Por exemplo, visualizações de dados interativas e narrativas baseadas em dados passaram a ser transformadas em informações e histórias mais compreensíveis e atraentes para o público não especializado.

A precisão e a abrangência melhoradas na coleta de dados contribuíram também para aumentar a credibilidade das informações científicas divulgadas. Assim, quando o público percebe que as descobertas são baseadas em uma quantidade massiva e diversificada de dados coletados e analisados por métodos avançados, tende a confiar mais nessas informações, em decorrência de sua construção estar alicerçada em um discurso de autoridade. Isto é, o discurso está pautado na utilização da autoridade de um indivíduo (cientista, especialista) ou entidade (centro de pesquisa, periódico científico etc.) como base para validar argumentos ou opiniões. O discurso de autoridade ganha especial destaque em uma era marcada por desinformação e ceticismo científico. A divulgação científica que enfatiza o rigor e a sofisticação dos métodos de coleta e análise de dados pode fortalecer a confiança pública na ciência.

Outra contribuição trazida pelas tecnologias digitais para o divulgador diz respeito à possibilidade de enriquecimento da narrativa científica em face da alta capacidade de coletar e analisar grandes volumes de dados. Isso permite que divulgadores descubram padrões e conexões anteriormente inexplorados e possibilita que os comunicadores de ciência contem histórias mais detalhadas e multidimensionais. Por exemplo, em estudos sobre mudanças climáticas, a análise de big data pode revelar como fenômenos climáticos específicos afetam diferentes regiões e populações. Essas narrativas detalhadas e baseadas em dados aumentam a relevância e o impacto da divulgação científica, tornando-a mais significativa para diferentes públicos.

Por outro lado, o uso de grandes volumes de dados e análises avançadas traz consigo desafios éticos significativos, especialmente no que diz respeito à privacidade e ao uso de dados. Na divulgação científica, é importante comunicar as descobertas, o modo como os dados foram obtidos e as implicações éticas envolvidas. Isso leva à compreensão mais completa e responsável da ciência no contexto social e ético mais amplo.

As tecnologias digitais propiciaram uma conectividade global entre cientistas nunca vista em séculos anteriores, permitindo colaborações interdisciplinares e internacionais em tempo real. Plataformas *on-line* e redes sociais científicas têm possibilitado a troca rápida de informações e a discussão de resultados. Esse potencial impactou na divulgação científica expandindo exponencialmente seus canais de distribuição, seus modos de comunicar, além de oportunizar aos próprios cientistas o papel de divulgadores. Blogs, *podcasts*, vídeos e plataformas como YouTube e *TED Talks* permitem que cientistas compartilhem suas pesquisas diretamente com o público em linguagem acessível e envolvente.

Curiosamente, ao mesmo passo em que o uso das tecnologias digitais ampliou as oportunidades para cientistas divulgarem seus estudos, facilitou também a participação de não cientistas na pesquisa, originando a abordagem Ciência Cidadã, que envolve indivíduos não especialistas em projetos de pesquisa, coleta de dados e até mesmo na análise de informações e sua divulgação.

No contexto da divulgação científica, a Ciência Cidadã representa uma abordagem inovadora e inclusiva que transforma a maneira como a ciência é conduzida e comunicada. Um dos primeiros aspectos a ganhar relevo diz respeito ao engajamento e à literacia científica. Para que ela seja eficaz na divulgação científica, os cidadãos devem ser envolvidos em tarefas que desafiem e expandam seu entendimento científico.

Giardullo e colaboradores (2023) entendem que a Ciência Cidadã contribui para a democratização da ciência, envolvendo não cientistas em pesquisas científicas. No entanto, apontam que muitos projetos de Ciência Cidadã ainda veem a comunicação como uma atividade de disseminação, em vez de uma ferramenta para promover encontros baseados na comunicação com participantes e outros públicos-alvo. Isso indica aos autores a necessidade de adoção de estratégias de comunicação mais participativas e dialógicas para que seja atingida plenamente o escopo da Ciência Cidadã.

Pensando especificamente a dimensão da disseminação da informação científica, ou seja, a Ciência Cidadã como modalidade de comunicação científica, Katherin Wagenknecht e colaboradores (2021) observaram uma mudança paradigmática nos processos de comunicação científica. Se, anteriormente, a disseminação de descobertas científicas era vista como um caminho linear e fechado, do especialista para o leigo, atualmente, haveria uma tendência para o reconhecimento da necessidade de participação mais abrangente e inclusiva na ciência. Essa mudança refletiria, para as autoras, um movimento em direção à maior democratização do conhecimento científico e à inclusão de uma variedade mais ampla de vozes no processo científico. Trata-se de envolver o público na pesquisa e transformar a maneira como a ciência é comunicada a ele. Nesse sentido, as autoras defendem a adoção do termo "comunicação de ciência cidadã", como uma categoria dentro da rubrica maior. Nesse sentido, os argumentos que fundamentam a abordagem, digamos, comunicativa da Ciência Cidadã a aproximam do escopo da divulgação científica.

A Ciência Cidadã fundamenta-se em argumentos que enfatizam a democratização do conhecimento científico e a inclusão de uma diversidade mais ampla de participantes. Ela se baseia também na ideia de que a colaboração entre cientistas e cidadãos não especialistas pode enriquecer a pesquisa científica, trazendo novas perspectivas e aumentando a relevância social dos estudos. O mesmo pode ser dito em relação à Divulgação Científica, considerando os ruídos frequentes entre o que o especialista considera adequado e a efetiva recepção do não especialista. Nem sempre a linguagem, o eixo temático, enfim, a abordagem do que o especialista entende ser de interesse público está efetivamente em seu horizonte de expectativas. Nesse sentido, o potencial de obtenção de resultados melhores com a intercessão cidadã é imenso, sendo vistos como abordagens complementares.

A convergência dos fundamentos da Ciência Cidadã e da divulgação científica também pode ser vista como uma maneira de aumentar a transparência e a confiança na ciência, ao tornar a pesquisa mais acessível e compreensível para o público e com o público. Ela pode, ainda, aumentar o letramento científico e promover uma comunicação mais inclusiva e bidirecional entre cientistas e o público. No entanto, para alcançar esses objetivos, é essencial que os projetos sejam organizados de maneira a envolver os participantes em tarefas significativas e promover uma comunicação verdadeiramente participativa.

A era digital revolucionou a maneira como a ciência é realizada, comunicada e popularizada. Ela ampliou a fronteira do conhecimento, possibilitando avanços inimagináveis e desafiando os cientistas a se adaptarem a um ambiente em constante mudança. Entretanto, é importante destacar que embora a tecnologia digital tenha aumentado o acesso à informação, também possibilitou a disseminação rápida de desinformação e notícias falsas. Isso tem imposto à divulgação científica o desafio de combater a desinformação e promover o letramento científico.

A história da divulgação científica é um testemunho da evolução das formas de comunicação e do esforço contínuo para aproximar a ciência do público. Desde os primeiros filósofos até os comunicadores modernos, o objetivo permanece o mesmo: tornar o conhecimento científico acessível e relevante para todos, promovendo uma sociedade mais bem informada e engajada.

PARTE II

FUNDAMENTOS HISTÓRICOS E FILOSÓFICOS

2. BASES EPISTEMOLÓGICAS DA DIVULGAÇÃO CIENTÍFICA

Em sentido amplo, a divulgação científica diz respeito aos múltiplos processos e procedimentos relacionados com a tradução de um conteúdo da linguagem científica, mais hermética, para outra linguagem, mais acessível, tendo como destinatário determinado grupo ou comunidade. Busca, portanto, tornar o conhecimento científico mais compreensível e envolvente para o público em geral. Nesse sentido, é importante ter em mente a distinção entre os processos e os procedimentos.

Os Processos na divulgação científica referem-se a uma série de ações, atividades ou etapas que são realizadas para alcançar um objetivo específico na divulgação científica. Eles são mais abrangentes e envolvem vários procedimentos. Por exemplo, o desenvolvimento de conteúdo para um blog é um processo que pode incluir: identificação de tópicos relevantes, pesquisa, escrita, revisão, produção da arte, publicação etc. Um processo para gerar e engajamento do público envolve identificação do público-alvo, escolha dos canais de comunicação adequados, criação de mensagens, avaliação do impacto da comunicação etc. Já um processo de produção de vídeos educativos abrange elaboração de roteiro, gravação de vídeos, edição, adição de legendas e gráficos, e publicação em uma plataforma de vídeo etc. O processo, portanto, configura-se como uma macroestrutura, que é posto em prática a partir de diversos procedimentos.

Visto dessa forma, podemos entender os procedimentos na divulgação científica como as instruções específicas ou etapas detalhadas que devem ser seguidas dentro de um processo. Eles são mais diretos, geralmente seguindo um formato padronizado ou um conjunto de regras. Mais específico do que mera etapa, o procedimento possui uma diretriz, uma intencionalidade e, principalmente, uma meta a ser atingida, que contribuirá para o andamento do processo. Um procedimento pode incluir em suas etapas específicas subprocedimentos. Assim, no exemplo anterior do processo de desenvolvimento de conteúdo para um blog, temos um conjunto de procedimentos que comportarão subprocedimentos, como correção gramatical, formatação, dentre outros, em relação ao procedimento de Revisão (Figura 2.1).

Figura 2.1 – Processo e procedimentos

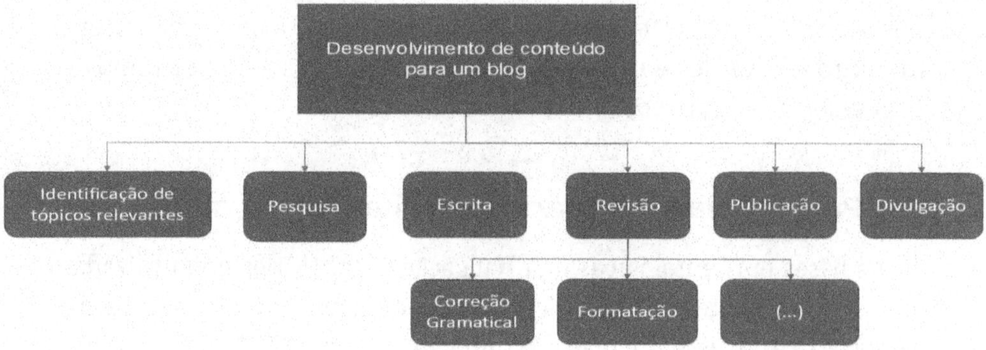

Fonte: Elaborada pelos autores, 2024.

Assim sendo, enquanto os processos na divulgação científica são conjuntos de atividades realizadas para atingir um objetivo maior (como aumentar a conscientização pública sobre um tema científico), os procedimentos são as etapas específicas e detalhadas dentro desses processos (como as etapas para escrever e publicar um artigo em um blog de ciências). Os processos são mais sobre o "o quê" e "por quê", enquanto os procedimentos são mais sobre o "como" executar.

A divulgação científica configura-se, portanto, como atividade e campo de conhecimento iminentemente e indissociavelmente teórico-prático. É a prática de comunicar os princípios, as descobertas e os avanços da ciência de maneira clara, sem jargões excessivos e terminologia técnica, para que pessoas sem formação especializada possam compreender e apreciar os conceitos científicos, que justifica as ações de divulgação. Por outro lado, e complementarmente, é o entendimento dessas práticas e seu desenvolvimento que está na base da produção de conhecimento como campo de pesquisa.

O ato de divulgar um conteúdo, por si só, não estimula o interesse, a curiosidade, nem promove o entendimento sobre um tópico ou gera uma sociedade mais informada e consciente dos avanços tecnológicos, médicos, ambientais e sociais que moldam o mundo em que vivemos. Assim, como campo de saber, a divulgação científica estabelece um importante espaço de reflexão e experimentação. Cabe a ela, como área, produzir um corpo de conhecimentos que possa auxiliar a prática da divulgação científica, a busca de entendimento acerca de seus paradigmas e a melhoria social por meio de processos informativos.

2.1 Paradigmas e cenários da divulgação científica

As bases epistemológicas da divulgação científica estão enraizadas em várias correntes de pensamento que enfatizam a importância da comunicação e da disseminação do conhecimento científico para públicos além da comunidade acadêmica. Cada corrente está situada em relações a revoluções científicas e consequente mudanças de paradigmas.

2.1.1 Positivismo e a divulgação científica: o início de um trajeto

Como visto anteriormente, quando traçamos o percurso histórico da divulgação científica, suas bases se constroem a partir de uma matriz positivista. Seu início foi marcado pela ideia de que o conhecimento científico é baseado na lógica e em fatos observáveis. Isso se refletia na ênfase em apresentar informações baseadas em evidências e em métodos científicos rigorosos, por meio de textos informativos e orientados para um formato lógico-formal. As ações produzidas pelas associações cooperativistas giravam em torno do discurso prescritivo e expositivo unidirecional.

O Positivismo — corrente filosófica fundada por Auguste Comte no século XIX — que nasceu como uma reação ao misticismo e ao irracionalismo, propunha a compreensão do mundo baseada na observação, na experimentação e na lógica, elementos centrais da ciência moderna. Longe dos ataques que, vez por outra surgem invalidando-o, é necessário ter em mente que as correntes de pensamento não existem em uma relação de necessária negação do valor, mas de evolução, de transformação e de aperfeiçoamento. Nesse sentido, o pensamento positivista foi extremamente válido, coerente e importante em um momento histórico dominado pela metafísica, pela doutrina religiosa e pela falta de sistematização da produção intelectual. Tempos em que a noção de verdade repousava mais em um ato de crença do que na racionalidade.

Nesse cenário, embora ao olhar contemporâneo possa parecer "incorreto" divulgar ciência a partir de uma ação unilateral, centrada no discurso de autoridade, com pouca adaptabilidade a aspectos socioculturais, o Positivismo representava uma verdadeira revolução cultural contra um modelo ainda fortemente teocêntrico, supersticioso e irracional.

O Positivismo emergiu como uma evolução sociológica do Iluminismo, em resposta às crises sociais e morais que marcaram o fim da Idade Média e o surgimento da sociedade industrial. Esse período de transformação foi simbolizado pela Revolução Francesa, ocorrida entre 1789 e 1799. De forma geral, o Positivismo defendia a adoção de valores intrinsecamente humanos na existência humana, distanciando-se de maneira decisiva de concepções teológicas e metafísicas, embora as integre em sua visão de uma filosofia da história.

Auguste Comte, em sua obra seminal *Curso de Filosofia Positiva* (1978), introduziu a ideia da "Lei dos Três Estados", segundo a qual o conhecimento humano evolui em três fases: teológica, metafísica e positiva. Na fase positiva, a explicação dos fenômenos se basearia em leis científicas e na observação empírica, rejeitando explicações sobrenaturais ou abstratas. Essa concepção acabou dando nome à própria corrente de pensamento como "positivismo". Essa fase refletiu o amadurecimento intelectual da humanidade em relação a uma conformação anterior de mundo, na qual pessoas eram queimadas por acusação, doenças eram tratadas com orações, mortes de nascituros eram atribuídas a ira divina, dentre outras interpretações dogmáticas da existência.

A relevância da corrente positivista foi extrema naquele momento, e somos herdeiros de suas conquistas. Também a divulgação científica encontrou seu terreno mais fértil graças a essa mudança, tendo em vista que a própria noção de ciência amadurece no centro dessa transformação de paradigmas.

Ao longo do século XX, o Positivismo evoluiu, reinventou-se, originando o Positivismo Lógico, com o Círculo de Viena, um grupo de filósofos e cientistas, incluindo nomes como Rudolf Carnap e Moritz Schlick, os quais defendiam que o significado de uma proposição é determinado pela sua verificação empírica. Nesse momento, era reforçada a ideia de que o ato de divulgar uma informação científica deveria ser ancorado em um discurso objetivo, indicando evidências verificáveis, em linguagem clara e precisa, construído a partir de parâmetros lógico-formais.

Uma linguagem lógico-formal é um sistema de comunicação estruturado que se baseia no uso de símbolos e regras lógicas para criar expressões com significados precisos e inequívocos. Considerado essencial em campos como matemática, filosofia, ciência da computação e lógica, caracteriza-se pela utilização de um conjunto específico de símbolos com semântica formal, ou seja, um conjunto de diretrizes que define o significado preciso de cada expressão, garantindo uma interpretação consistente e evitando ambiguidades. O jargão científico, os gráficos, as fórmulas são exemplos de elementos constituintes da linguagem lógico-formal.

A precisão e a clareza são vantagens notáveis dessas linguagens, permitindo a comunicação de ideias complexas de forma clara e sem ambiguidades, diferentemente do que muitas vezes ocorre com a linguagem natural. Essa característica as torna ferramentas indispensáveis em diversas áreas das ciências. Na matemática, por exemplo, são usadas para formular teoremas e conduzir provas. Na filosofia, auxiliam na análise rigorosa de argumentos lógicos e conceitos filosóficos.

O Positivismo colocou a ciência como o pilar do progresso humano e a divulgação científica, que começava a engatinhar, como meio de educar o público e ferramenta para promover o desenvolvimento social e cultural. Nesse momento, a ideia de "educar" estava fortemente ancorada no que convencionamos chamar hoje "Tradicionalismo". Essa rubrica genérica, na verdade, abarca um repertório vasto e não sistematizado de práticas pedagógicas anteriores ao surgimento da Escola Nova, no final do século XIX e início do século XX.

A ideia da divulgação científica de *educar a população* estava diretamente relacionada com a abordagem majoritária da educação, que prevaleceu durante a maior parte do século XIX, caracterizada por métodos e práticas que enfatizavam a autoridade do professor, a memorização de conteúdos e a estrutura curricular rígida.

No Tradicionalismo, o professor era visto como a principal autoridade na sala de aula, detentor e transmissor do conhecimento, enquanto os alunos eram considerados receptores passivos desse conhecimento. De modo similar, a divulgação de conhecimentos científicos deveria partir de especialistas, quer diretamente, como autor, quer como fonte (autoridade).

Repercutiu na população a ênfase pedagógica na memorização de fatos, datas, fórmulas e regras que devia ser frequentemente medida, o que apara a verificação do sucesso educacional a partir da capacidade de o aluno recordar e reproduzir essas informações em exames. Assim, a divulgação de uma informação era respaldada na capacidade de a fonte se apresentar como portador de um saber, sendo capaz de citar nomes técnicos, produtos, procedimentos etc. Culminando na cristalização popular da anedota do "doutor que fala difícil", do "eu não entendi nada, mas ela falou bonito". Esses comentários, na verdade, são valiosas evidências da matriz do pensamento da época e da creditação de valor no hermetismo.

Há que se pontuar, contudo, que começaram a surgir autores escrevendo livros que explicavam conceitos científicos em linguagem acessível, como o famoso *Conversations on Chemistry* de Jane Marcet, publicado em 1805, que introduziu conceitos de química a leitores leigos, especialmente mulheres, que eram frequentemente excluídas da educação científica formal na época. Na atualidade, temos um excelente exemplo na série "[ASSUNTO] para Leigos".

A própria ideia de currículo era altamente estruturada e centrada em disciplinas tradicionais como matemática, ciências, história e literatura, havendo pouca flexibilidade para adaptar o currículo às necessidades ou interesses individuais dos alunos. A divulgação do conhecimento científico acompanhava essa lógica. Vale lembrar que, no início do século XIX, a divulgação científica ainda estava em seus estágios iniciais de desenvolvimento, mas já havia esforços significativos para tornar a ciência acessível a um público mais amplo. Todavia, as pautas eram estabelecidas de cima para baixo. Divulgava-se aquilo que era considerado importante *para* a população, a partir de escolhas administrativas dos governos ou de instituições científicas.

O século XIX viu o surgimento de várias revistas científicas destinadas ao público mais geral, não apenas a cientistas. Por exemplo, a *Philosophical Magazine*, fundada em 1798, que publicava artigos sobre uma ampla gama de tópicos científicos. Museus de história natural e exposições científicas se tornaram populares, como o Museu Britânico, em Londres, que abriu suas portas ao público em geral no final do século XVIII. Esses espaços ofereciam ao público a oportunidade de ver de perto coleções de espécimes naturais e artefatos científicos. Entretanto, as temáticas, em sua maioria, criavam uma ponte que levava a população a contemplar o fantástico mundo da ciência, sem abertura ou estratégia para a apropriação do conhecimento pela sociedade. Os relatos de explorações e viagens científicas, de Alexander von Humboldt, são um bom exemplo disso. Eram obras populares e traziam informações sobre geografia, biologia e etnografia de partes desconhecidas do mundo. Sua popularidade se dava justamente pela abertura de uma janela para um mundo que as pessoas comuns não conheciam, mas ao qual continuavam sem acesso.

Esses esforços refletem o crescente interesse e entusiasmo pela ciência durante o século XIX e representam as raízes da moderna divulgação científica. Ainda que a abordagem positivista fosse, em diversos sentidos, restritiva, ela representava uma abertura que rompia paradigmas entre os especialistas e os não especialistas. Ela ajudou a estabelecer a importância de comunicar a ciência ao público e pavimentar o caminho para práticas mais sofisticadas de divulgação científica no futuro.

Apesar de sua influência, o Positivismo também enfrentou críticas, especialmente em relação à sua visão por vezes reducionista da ciência e à desconsideração de aspectos subjetivos e sociais do conhecimento. No entanto, essas críticas não diminuem a importância dele na estruturação da divulgação científica. Pelo contrário, elas oferecem uma oportunidade para aprimorar as práticas de comunicação científica, integrando uma visão mais holística e inclusiva da ciência na sociedade.

Com sua ênfase na racionalidade, na observação empírica e na busca por leis universais, o Positivismo estabeleceu uma base sólida para a prática da divulgação científica. Ele nos lembra da responsabilidade de comunicar a ciência de maneira objetiva e acessível, contribuindo para uma sociedade mais esclarecida e avançada.

2.1.2 Construtivismo na divulgação científica: uma abordagem transformadora

No universo da divulgação científica, diferentes abordagens adotadas ao longo do tempo geraram diferentes impactos no modo como se entendia que o conhecimento deveria ser transmitido para o público. Entre essas abordagens, o construtivismo destacou a capacidade de transformar a relação entre o conhecimento científico e os receptores desse conhecimento, enfatizando o impacto da divulgação científica na promoção de uma compreensão mais profunda e engajada da ciência.

O Construtivismo, fundamentado nas teorias de Jean Piaget e Lev Vygotsky, sustenta que o conhecimento é construído na mente do aprendiz, a partir de suas próprias experiências e interações com o mundo. Na divulgação científica, essa abordagem se traduz em estratégias que incentivam o público a participar ativamente do processo de aprendizado, em vez de serem meros receptores passivos de informações.

Um exemplo emblemático da aplicação do Construtivismo na divulgação científica pode ser visto em museus de ciências interativos. Nesses espaços, os visitantes são encorajados a tocar, manipular e experimentar as exposições. Essa interação direta permite que os visitantes construam seu próprio entendimento, relacionando conceitos abstratos com experiências concretas. Uma exposição que permite aos visitantes criar modelos de moléculas usando blocos de construção físicos facilita a compreensão de conceitos complexos de química orgânica, por exemplo.

A abordagem construtivista foi adotada por renomadas instituições museais como o *Exploratorium*, localizado em São Francisco (EUA), que é um dos museus de ciências mais renomados do mundo (Figura 2.2). Conhecido por suas exposições interativas que encorajam os visitantes a explorar e a experimentar conceitos científicos de maneira prática, o museu oferece uma variedade de experiências que abrangem áreas como física, biologia, arte e percepção sensorial.

Figura 2.2 – a) Entrada do museu de ciências *Exploratorium* (São Francisco, EUA); b) Área de exposição interna

Fonte: Wikimedia Commons, 2008. Licença: CC BY-SA 3.0.

O *Exploratorium* foi fundado por Frank Oppenheimer, a partir da perspectiva de que um museu deve adotar uma abordagem inovadora e profundamente influente para a educação e a divulgação científica. No cerne da filosofia de Oppenheimer estava a ideia de que a aprendizagem é mais eficaz quando é baseada na exploração e na experimentação direta. Ele imaginou o *Exploratorium* não apenas como um museu, mas como um laboratório interativo, no qual as pessoas de todas as idades poderiam aprender ciência de maneira prática e envolvente. Essa abordagem coloca a curiosidade e o questionamento como elementos centrais do processo de aprendizagem, incentivando os visitantes a explorar, perguntar e descobrir.

Oppenheimer também era um defensor da democratização do conhecimento científico e acreditava firmemente que a ciência deveria ser acessível a todos, independentemente de sua formação educacional ou idade. Essa visão foi refletida no design e na operação do *Exploratorium*, que buscava desmistificar a ciência e apresentá-la de uma maneira que fosse compreensível e relevante para o público geral.

Muitas propostas do *Exploratorium* foram — e ainda são — atravessadas pelo conceito de Vygotsky sobre a "zona de desenvolvimento proximal", enfatizando a importância de engajar os aprendizes em um nível que os desafie, mas que ainda esteja dentro de seu alcance. A zona de desenvolvimento proximal é um conceito que descreve a diferença entre o que uma pessoa pode aprender sozinha e o que pode aprender com a ajuda de alguém mais experiente ou capaz.

Oppenheimer via a ciência não como um campo isolado, mas como algo que se entrelaça com outras áreas como arte e tecnologia. Essa visão holística é evidente no *Exploratorium*, onde as exposições frequentemente cruzam as fronteiras tradicionais entre disciplinas, revelando a natureza interconectada do conhecimento.

Atento à percepção de que o espaço da aprendizagem deve ser um espaço de acolhimento do aprendiz, Oppenheimer investiu na criação de um ambiente de aprendizagem não formal. Ele acreditava que um espaço menos estruturado e mais acolhedor facilitaria a exploração mais livre e criativa, contrastando com o ambiente mais rígido e formal das salas de aula tradicionais. No *Exploratorium*, a interação e a discussão entre os visitantes são incentivadas, promovendo uma experiência de aprendizado compartilhada. Essa abordagem reflete a ideia de que o conhecimento é construído coletivamente e que a aprendizagem é enriquecida a partir da colaboração e do compartilhamento de ideias, o que reflete as preocupações e as inovações trazidas pela abordagem construtivista.

No site oficial do *Exploratorium* é possível identificar o alinhamento do museu com a abordagem construtivista. Na página *Constructivist Learning Theory: The Museum and the Needs of People* (s.d.), de George Hein, é apresentada uma reflexão sobre como os princípios do Construtivismo impactam no trabalho diário em museus, tanto na montagem de exposições quanto no desenvolvimento de programas educacionais. Nesse viés, ganha relevo a importância das atividades práticas (*hands-on*) nas exposições e nos programas de museus, não se limitando ao modelo meramente expositivo. Entretanto, é ressaltado que essas atividades devem também engajar a mente (*minds-on*), pois não basta envolver os visitantes em tarefas manuais; sendo essencial que permitam a reflexão e a compreensão do conteúdo trabalhado.

A proposta construtivista se orienta, dessa forma, pela ideia de que aprendemos a organizar as informações transformando-as em conhecimento à medida que estamos aprendendo. Quando essa proposta é assumida nas ações de divulgação científica pelos museus de ciências, observamos o surgimento de novos esquemas organizacionais desses museus. Ganham destaque, nesse contexto, as atividades que valorizam a dimensão social da aprendizagem por meio de estratégias interativas e dialógicas.

É justamente nesse momento que os museus assumem um papel de mediação para instigar a discussão e o compartilhamento entre os visitantes. Essas estratégias dependem de "ganchos" ou conexões nas exposições que ajudem os visitantes a compreenderem os conteúdos, especialmente aqueles indivíduos menos próximos do saber científico. Assim, os princípios do Construtivismo, influentes na organização de salas de aula e currículos escolares, também encontraram acolhida na divulgação científica, especialmente em museus de ciência, apesar de entrarem em conflito com práticas tradicionais de alguns museus.

A experiência do *Exploratorium*, entretanto, não é um caso isolado de modelo influenciado pelo Construtivismo. Na França, a *Cité des Sciences et de l'Industrie*, reconhecidamente o maior museu de ciências na Europa, localizado no Parc de la Villette, em Paris, é outro espaço museal influenciado pelo Construtivismo.

Ela se destaca como um exemplo paradigmático de como a abordagem construtivista pode enriquecer e transformar a experiência de aprendizagem em ciências. A experiência na *Cité des Sciences* está centrada nas exposições interativas, que permitem aos visitantes observar e interagir diretamente com os conceitos científicos. O museu adota uma metodologia de aprendizagem baseada em inquérito, incentivando os visitantes a questionar, explorar e descobrir. Essa estratégia está alinhada com a visão construtivista de que a curiosidade e a investigação são essenciais para o desenvolvimento cognitivo. As exposições são projetadas para despertar perguntas e fornecer as ferramentas necessárias para que os visitantes encontrem suas próprias respostas, promovendo uma compreensão mais profunda e pessoal da ciência.

A importância da interação social na aprendizagem, um pilar do Construtivismo de Vygotsky, também é evidente no museu. Muitas atividades são projetadas para serem realizadas em grupo, criando ambientes que favorecem a aprendizagem colaborativa. Isso promove a troca de ideias e experiências entre os visitantes, enriquecendo o processo de aprendizagem por meio da colaboração e do compartilhamento de perspectivas.

Adicionalmente, é possível observar na *Cité des Sciences* uma programação que resgata alguns aspectos de Piaget na adaptação aos diversos públicos conforme suas etapas de desenvolvimento, desde crianças menores a adolescentes, destinando atividades também para público mais maduros. Esse tipo de organização pedagógica reflete o princípio construtivista de que a aprendizagem deve ser adaptada ao nível de desenvolvimento do aprendiz. As exposições e programas são ajustados para atender às diferentes necessidades e níveis de compreensão, garantindo que cada visitante encontre algo relevante e estimulante.

Nota-se, ainda, um esforço para fomentar a reflexão crítica sobre questões científicas e tecnológicas. Essa ênfase na reflexão e no pensamento crítico é um componente essencial da abordagem construtivista, que vê a aprendizagem como um processo que envolve a construção de conhecimento e a capacidade de pensar de forma crítica e reflexiva sobre esse conhecimento.

Suas exposições interativas, que cobrem uma ampla área e uma gama de disciplinas científicas diferentes, incluindo astronomia, biologia, física e tecnologia, partem sempre da necessidade de apropriação dos objetos expostos pelo visitante (Figura 2.3).

Figura 2.3 – a) Entrada do museu *Cité des Sciences et de l'Industrie* (Paris, França); b) Área interna de exposições

Fonte: Wikimedia Commons, 2008. Licença: CC BY-SA 4.0 e CC BY 2.0.

O Construtivismo, como abordagem pedagógica, também influenciou outros grandes museus de ciências como o *Deutsches Museum* (Munique, Alemanha), o *Science Museum* (Londres, Reino Unido) e inúmeros outros. Essa perspectiva representou uma mudança paradigmática na divulgação científica, em relação aos seus antecedentes históricos, no modo de transmissão de informações (do unidirecional para o bidirecional), contribuindo para o surgimento de experiências de aprendizado interativas e participativas.

Ao envolver o público de maneira ativa, a conexão estabelecida passou a atentar tanto para a facilitação da compreensão dos conceitos científicos, quanto para a promoção de aspectos mais subjetivos como motivação, criatividade e outros nos processos e procedimentos de divulgação de ciências. A partir dos exemplos dos museus interativos, mas não se restringindo a eles, fica evidente que o Construtivismo exerceu e exerce um papel importante para potencializar os objetivos da divulgação científica. O público não mais foi visto como uma tábula rasa, mas como um agente ativo na prática da divulgação.

2.1.3 Pragmatismo na divulgação científica: a ciência no cotidiano

O Pragmatismo foi uma escola filosófica que surgiu nos Estados Unidos no final do século XIX, e que tem exercido uma influência significativa na educação científica, moldando a maneira como a ciência é ensinada e divulgada. Essa corrente foi fundada por pensadores como Charles Sanders Peirce, William James e John Dewey. Ela enfatiza a ideia de que o significado e a verdade de qualquer conceito ou teoria residem em suas implicações práticas e efetivas. No contexto da educação científica, o Pragmatismo se manifesta na valorização da aprendizagem por meio da experiência, na resolução de problemas reais e na aplicação prática do conhecimento científico.

A abordagem de "aprender fazendo", popularizada por John Dewey em sua obra *Democracy and Education*, de 1916, defende que a educação deveria estar intimamente ligada à vida cotidiana dos alunos e que o aprendizado efetivo ocorre quando os estudantes estão engajados em atividades práticas que têm significado real para eles. Essa percepção se traduz em iniciativas de divulgação científica que buscam envolver o público em experimentos científicos reais, que se concentram em apresentar a ciência como potencial forma de solucionar ou ajudar a resolver problemas comunitários ou cotidianos do seu público.

A ênfase na ciência como ferramenta para melhorar a sociedade é evidente em projetos de Ciência Cidadã, nos quais o público é convidado a contribuir para pesquisas científicas reais. Plataformas como o Zooniverse permitem que pessoas sem formação científica formal participem de projetos de pesquisa, desde a classificação de galáxias até o monitoramento de populações de animais selvagens. Essas iniciativas promovem a compreensão científica entre o público e demonstram o valor prático da ciência na resolução de problemas reais.

Além disso, o Pragmatismo também contribuiu para o universo da divulgação científica influenciando a forma como os conceitos são apresentados ao público. Em vez de destacar apenas a teoria, a divulgação científica pragmática procura demonstrar como os conceitos científicos podem ser aplicados na vida cotidiana. São exemplos desse método programas de televisão, séries e documentários que exploram a ciência por trás de fenômenos cotidianos, ou que demonstram a aplicação prática da ciência em diferentes campos.

Essa abordagem enfatiza a importância da experiência, da aplicação prática do conhecimento e do envolvimento ativo na aprendizagem. Autores como John Dewey, com suas ideias sobre educação experiencial e aprendizado ativo, forneceram base filosófica sólida para abordagens de divulgação científica que são informativas, engajadoras e aplicáveis à vida real. Essa forma facilita a compreensão da ciência e destaca seu valor e relevância no mundo real.

2.2 Contribuições das teorias da comunicação para a divulgação científica

A divulgação científica está intrinsecamente ligada às teorias da comunicação, que marcam as visões de época de contextos sociais e tecnológicos, principalmente no Ocidente. Assim como a divulgação científica é indissociável das tecnologias de comunicação, o estudo da divulgação, necessariamente, está relacionado com as diversas teorias das mídias. Não se tratando de um estudo específico dessas teorias, que demandariam um tratado, passaremos panoramicamente sobre elas, dando destaque a pontos de maior relevo para entendermos como a prática da divulgação científica é influenciada pelas transformações midiáticas.

Inicialmente, a ênfase estava no poder dos meios de comunicação para influenciar diretamente o público, mas com o passar do tempo, essas perspectivas se desenvolveram com o objetivo de entender os fenômenos comunicacionais em sua complexidade.

A emergência e a evolução das Teorias da Comunicação, particularmente em sua concepção mais estrita associada às mídias, remonta ao século XIX, na Europa, marcando o início da trajetória que culminaria na consolidação da área como um campo científico reconhecido. Esse período inicial caracterizou-se pela exploração preliminar dos fenômenos comunicativos, ainda sem uma estrutura formal de estudo ou um corpo teórico consolidado. A relevância das mídias na sociedade começava a ser percebida, antecipando o desenvolvimento de uma análise mais sistemática e profunda.

Um importante marco histórico se deu com o *I Congresso de Sociólogos*, realizado em 1910, em Frankfurt, Alemanha. Ali, foi possível testemunhar a proposta inovadora do sociólogo Max Weber para a criação de uma "sociologia da imprensa". Essa proposta de Weber é frequentemente considerada como a pedra angular para o desenvolvimento subsequente da "sociologia da comunicação", delineando um campo de estudo que se dedicaria à análise das interações entre mídia, sociedade e cultura. A iniciativa de Weber refletia uma crescente conscientização sobre o papel significativo que a mídia impressa desempenhava na sociedade da época, sinalizando o início de um esforço acadêmico para compreender suas implicações sociais e políticas. No entanto, foi nos Estados Unidos que os primeiros estudos, para o que se convencionou chamar de Teoria da Comunicação, estabeleceu-se firmemente como ciência.

2.2.1 Escola positivista estadunidense (1920-1940s)

No período compreendido entre 1920 e 1940, a divulgação científica experimentou transformações significativas, refletindo tanto os avanços tecnológicos quanto as mudanças sociopolíticas da época. Esse intervalo de tempo, marcado por intensa atividade intelectual e inovação, viu a ciência ser divulgada por meio de uma variedade de meios, incluindo publicações impressas, como jornais e revistas, palestras públicas, exposições e, de forma crescente, o rádio. A popularização do rádio como meio de comunicação de massa ofereceu uma nova plataforma para a disseminação do conhecimento científico, permitindo que as descobertas alcançassem um público mais amplo e diversificado do que nunca.

As publicações impressas eram um veículo importante para a divulgação científica, com revistas e jornais dedicando seções específicas ao progresso científico e tecnológico. Esses meios permitiam uma exploração detalhada dos temas, embora sua abrangência fosse limitada pelo alcance da distribuição física e pelo nível de literacia do público. Paralelamente, palestras e exposições proporcionavam um contato direto e interativo com o público interessado, facilitando a compreensão e o engajamento com os temas científicos a partir da demonstração e da discussão.

O rádio, em particular, desempenhava um papel central nos estudos iniciais sobre fenômenos comunicacionais devido à sua popularidade sem precedentes e à sua capacidade de moldar a opinião pública. Sua utilização extensiva por regimes totalitários na Europa durante o período entreguerras — Primeira Guerra Mundial (1914-1918) e Segunda (1939-1945) — destacou seu potencial tanto para a propaganda quanto para a formação da consciência coletiva, intensificando o interesse acadêmico em suas funções e efeitos sociais.

A ascensão do rádio como meio de comunicação de massa introduziu uma dimensão dinâmica na divulgação científica. Programas dedicados ou que referenciavam às ciências começaram a surgir, oferecendo discussões e explicações sobre temas científicos de maneira acessível e envolvente, mesmo que em entradas muito pontuais dentro dos programas radiofônicos.

O rádio superou as limitações geográficas e sociais, permitindo que as informações científicas chegassem a lares em áreas remotas e a indivíduos de diferentes estratos sociais. Essa democratização do acesso ao conhecimento científico foi um desenvolvimento notável, em relação às décadas anteriores, refletindo o potencial dos meios de comunicação de massa para educar e informar o público.

A consolidação da Comunicação como ciência, especialmente nos Estados Unidos, coincidiu com a utilização do rádio como poderoso instrumento de divulgação científica, respeitadas as condições históricas. Tais estudos, ao se concentrarem no impacto do rádio e outros meios de comunicação de massa, subsidiavam, timidamente, questionamentos acadêmicos sobre como a informação científica era recebida, interpretada e utilizada pelo público. Essa análise contribuiu para a compreensão mais profunda dos processos comunicativos e, consequentemente, impactava o entendimento acerca de como o saber científico poderia ser divulgado.

Portanto, a evolução dos estudos de Comunicação Social e os métodos de divulgação científica no período entre 1920 e 1940 estão intrinsecamente ligados. Ambos os campos se beneficiaram mutuamente dessa relação, não em termos de um programa consciente, mas como alinhamento de pensamento de época.

A fase de consolidação de um campo chamado Teoria da Comunicação enfatizou a necessidade do desenvolvimento de modelos teóricos para compreender os mecanismos por meio dos quais a mídia influenciaria as percepções, as atitudes e os comportamentos sociais, estabelecendo as bases para investigações futuras sobre o poder e o impacto dos meios de comunicação em massa na sociedade moderna.

2.2.2 Teoria Hipodérmica

No início do século XX (1920s-1930s), alguns ensaístas e pesquisadores da chamada escola estadunidense da Teoria da Comunicação, como Harold Lasswell, Paul Lazarsfeld, Carl Hovland, Walter Lippmann, Herbert Blumer e outros, impactados pelos aspectos da comunicação de massa envolvidos na ascensão dos discursos massivos nacionalistas, nos mecanismos de propaganda política e outros, voltaram-se para a análise dos fenômenos comunicacionais. Nesse contexto, emergiu a chamada Teoria Hipodérmica (ou da "bala mágica"), que sugeria que as mensagens midiáticas eram poderosas e diretamente absorvidas pelo público. Essa teoria, embora simplista, lançou as bases para o entendimento da influência dos meios de comunicação.

Tratava-se de um modelo de comunicação que postulava que as mensagens dos meios de comunicação seriam recebidas e aceitas de maneira uniforme e direta pelo público, atuando como uma "bala" que atinge e influencia instantaneamente o receptor, ou como uma seringa hipodérmica — de onde o seu nome — que injetaria um conteúdo em determinado corpo social.

Para a Teoria Hipodérmica, os meios de comunicação de massa agiriam direto dentro do indivíduo-massa, alienando-o, manipulando-o. O indivíduo-massa seria uma personalidade construída a partir da generalização da mercadoria, da comunicação. Trata-se de uma categoria marcada pela passividade e pela ausência de posicionamento crítico, o que levaria à formação de uma subjetividade previsível em face de seu comportamento massivo, diante do qual a mensagem transmitida pela mídia teria efeito direto, pessoal e determinativo sobre seu comportamento, sem estratificações da recepção.

Ela emergiu no contexto do crescimento dos meios de comunicação de massa, como o rádio e os primeiros jornais de grande circulação, e refletia as preocupações da época sobre o poder potencialmente manipulador da mídia, especialmente em períodos de guerra e propaganda política. Portanto, uma noção cara a essa teoria é a de Sociedade de Massa, cuja conceituação variou entre seus autores, mas teve no filósofo e ensaísta espanhol Ortega y Gasset, uma de suas vozes mais fortes.

Ortega y Gasset (2013) concebe a sociedade de massa como a coletividade do que denomina "homem-massa". Ele delineia esse novo sujeito como a contrapartida do humanista culto e refinado. Para ele, a massa, na qualidade de coletivo desses sujeitos, constitui um grupo de avaliadores não qualificados, emergindo como a encarnação do domínio de um tipo antropológico que se infiltra em todas as camadas sociais. Essa massa, enraizada em um conhecimento especializado e sem visão integrativa, não se mediria por padrões particulares de valor, mas se veria refletida na construção de uma imagem uniformizada de 'homem comum'. Essa percepção, longe de ser uma fonte de desconforto, seria para a massa um motivo de satisfação, pois haveria certo conforto em sua identificação coletiva. Nesse sentido, ela daria preferência à generalização e à homogeneização no lugar do singular e do qualificado.

Esse tipo de matriz de pensamento de época, atravessou variadas camadas de práticas sociais e culturais, incluindo a divulgação científica. A mídia era vista como ferramenta poderosa para a educação e a formação de opinião pública, e valer-se dela para comunicar algo representava também a ocupação de um espaço de poder simbólico. Embora essa teoria tenha sido amplamente superada com o passar do tempo, por compreensões mais matizadas da comunicação, seus reflexos históricos na divulgação científica são abundantes.

Durante os anos 1920 e 1930, o rádio era um meio de comunicação emergente e poderoso. Embora escassos, comparados à programação como um todo, os programas de rádio dedicados à ciência ou que abriam espaço para ciência e tecnologia existiam. Nesse período, a televisão ainda engatinhava, sendo o rádio e o jornal impresso as mídias de maior penetração social.

No Reino Unido, a rádio BBC, fundada em 1922, começou a experimentar transmissões educativas, que incluíam tópicos científicos. Produziu, no começo de 1929, o *The Week in Westminster* (A Semana em Westminster) que, embora fosse voltado para política, frequentemente abordava questões relacionadas à ciência e à tecnologia, especialmente no contexto de políticas públicas e desenvolvimentos nacionais. A mesma empresa lançou, em 1930, o *National Programme*, que oferecia uma variedade de programas, incluindo temas sobre ciência e tecnologia. Nos Estados Unidos, a *National Broadcasting Company* (NBC), fundada em 1926, começou a transmitir uma variedade de programas, incluindo eventual conteúdo educativo em diálogo com as ciências.

O *Science Service*, fundado em 1921, foi um marco na história da divulgação científica, especialmente no contexto da mídia de massa nos Estados Unidos. Concebido como uma organização sem fins lucrativos, seu objetivo principal era informar o público sobre os avanços e as descobertas científicas de uma maneira acessível e compreensível. Ele desempenhou um papel pioneiro na ponte entre a comunidade científica e o público geral, utilizando uma variedade de meios de comunicação, incluindo rádio, publicações impressas e, posteriormente, televisão. A partir de suas transmissões de rádio, que começaram na década de 1920, o *Science Service* conseguiu alcançar um vasto público, oferecendo programas educativos que abordavam temas desde a física e a biologia até a astronomia e a tecnologia. Esses programas aumentaram a conscientização pública sobre questões científicas importantes e inspiraram a apreciação mais ampla pela ciência em uma época de rápido progresso tecnológico e mudança social. A abordagem era inovadora para a época, e o compromisso do *Science Service* com a educação científica de qualidade estabeleceu um modelo que influenciou futuras iniciativas de divulgação científica. Seus conteúdos eram destinados a massa de leitores médios, refletindo a ideia então vigente de que a comunicação deveria ser planificada para atingir do mesmo modo o maior número possível de pessoas, com a crença de que todos os receptores seriam igualmente atingidos e "educados".

Em várias partes do mundo, mas com quantitativo mais representativo nos Estados Unidos e na Europa, emissoras de rádio transmitiam programas educativos, em formato de palestra ou discussão. Essas transmissões seguiam um modelo eminentemente jornalístico, plano e generalizante de expor o conteúdo. Eram abordados temas científicos de maneira simples e acessível, mas sempre com distanciamento de especificidades sociais ou culturais. A ideia era educar as massas sobre os avanços científicos e suas implicações.

Campanhas de saúde pública, especialmente nas primeiras metades do século XX, muitas vezes seguiam a lógica da Teoria Hipodérmica. Por exemplo, as campanhas de vacinação ou de prevenção de doenças, transmitidas por meio de rádio e de panfletos, eram projetadas com a expectativa de que a mensagem seria aceita e seguida pelo público de maneira uniforme, promovendo imediata alteração no comportamento e no cuidado com a saúde.

A fundação do *Bureau of Applied Social Research*, na Universidade de Columbia, em 1941, por Paul Lazarsfeld, representou um ponto de inflexão para as teorias da comunicação, marcando a transição da área para um estágio de maturidade científica e institucional. Lazarsfeld e sua equipe concentraram-se em investigar o impacto social e psicológico dos meios de comunicação, com especial atenção ao rádio. Esse meio de comunicação, por sua novidade e capacidade de alcançar um público vasto e diversificado, tornou-se um objeto de estudo privilegiado, simbolizando a ascensão da mídia de massa.

Mesmo em décadas posteriores, quando outras teorias já haviam superado o modelo hipodérmico, ainda era possível encontrar padrões arraigados a esse modelo. Assim, no início da televisão como mídia de massa, alguns programas educativos sobre ciência eram produzidos com a premissa de que a informação seria diretamente absorvida pelos espectadores. Programas como o *Watch Mr. Wizard*, nos Estados Unidos, iniciado na década de 1950, são exemplos disso.

Alguns filmes educativos e documentários científicos produzidos até meados do século XX muitas vezes ainda refletiam a ideia da Teoria Hipodérmica, sendo usados como ferramentas para "transmitir" informações científicas de forma direta ao público. Alguns desses documentários, especialmente no período das Grandes Guerras, chegavam a ser exibidos em salas de cinema, antes dos filmes, e para tropas em campos de treinamento, com a nítida intenção de educar para determinado fim ideológico.

Embora esses exemplos reflitam a influência da Teoria Hipodérmica em sua concepção, a importância das iniciativas de divulgação científica elaboradas na época não é invalidada. Trata-se de ver o fenômeno dentro de seu tempo, espaço e complexidade.

A teoria como um todo não pode ser limitada à questão da sociedade de massa, nem pode ser atribuída a um único autor ou obra, embora seja frequentemente associada às ideias de Harold Lasswell, um cientista político americano. Muitas vezes, essa relação é equivocada, pois as ideias de Lasswell mais significativas apontam justamente para a análise e o questionamento da matriz hipodérmica.

Para a Teoria Hipodérmica a relação era ternária: Emissor > Mensagem > Receptor (Figura 2.4). Assim, por exemplo, se um divulgador deseja explicar a importância da vacina para prevenção de uma doença, bastaria produzir a mensagem (conteúdo), difundi-la por um meio de comunicação de massa, e o receptor (público) passaria a aceitar a informação e mudaria o comportamento de resistência. Portanto, o Emissor (Mídia) atuaria como fonte da mensagem (uma estação de rádio, um canal de televisão, um jornal etc.), a Mensagem (Ideias) seria o conteúdo transmitido pelo emissor (uma notícia, um anúncio ou um programa etc.), e o Receptor (Público) seriam os indivíduos ou a audiência que recebem a mensagem de forma passiva e, segundo a teoria, a aceitariam sem questionamento (Figura 2.4).

Figura 2.4 – Modelo de comunicação da Teoria Hipodérmica

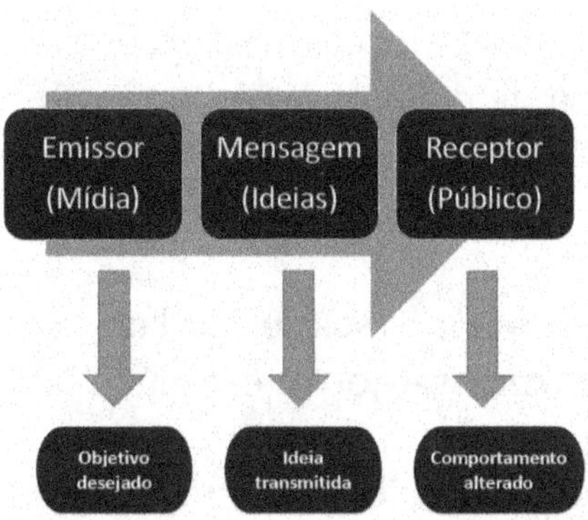

Fonte: Elaborada pelos autores, 2024.

A Teoria Hipodérmica foi posteriormente criticada por sua visão simplista da comunicação. Seus detratores, com toda razão, argumentaram que ela subestimava a complexidade das interações humanas com a mídia, ignorando fatores como diferenças individuais, contexto social e interpretação ativa das mensagens por parte dos receptores.

Na divulgação científica, a aplicação da Teoria Hipodérmica considerava que o público compreenderia e aceitaria, uniformemente, as informações veiculadas. Ignorava, ainda, a complexidade da interpretação das informações científicas pelo público, influenciada por fatores como conhecimento prévio, crenças culturais e valores pessoais.

Vale reforçar que essa teoria foi desenvolvida nas primeiras décadas do século XX e é considerada simplista pelos padrões atuais. Todavia, vigorou por considerável tempo e ainda ecoa, especialmente, no senso comum contemporâneo. Pesquisas posteriores mostraram que o processo de comunicação é mais complexo e que os receptores são ativos na interpretação das mensagens, sendo influenciados por diversos fatores como experiências pessoais, crenças e contexto social.

Lasswell, que inicialmente se alinhava com a Teoria Hipodérmica, foi um dos pioneiros em analisá-la mais detidamente e propor sua remodelação (Figura 2.5). Nesse sentido, propôs o famoso Modelo de Lasswell, descrito no artigo "The Structure and Function of Communication in Society", em 1948, sendo frequentemente citado na literatura como um dos textos fundadores no estudo da comunicação de massa. Nele, Lasswell propõe uma abordagem para analisar o processo de comunicação, que pode ser resumida pela pergunta: "Quem diz o quê, por qual canal, para quem e com que efeito?" Em que:

- **quem (emissor):** pessoa ou entidade que envia a mensagem.
- **diz o quê (mensagem):** conteúdo ou informação transmitida pelo emissor.
- **em que canal (meio):** meio pelo qual a mensagem é transmitida (por exemplo, televisão, rádio, jornal, internet).

- **para quem (receptor):** pessoa ou grupo que recebe a mensagem.
- **com que efeito (efeito):** impacto ou resultado da mensagem no receptor.

Figura 2.5 – Modelo de Lasswell

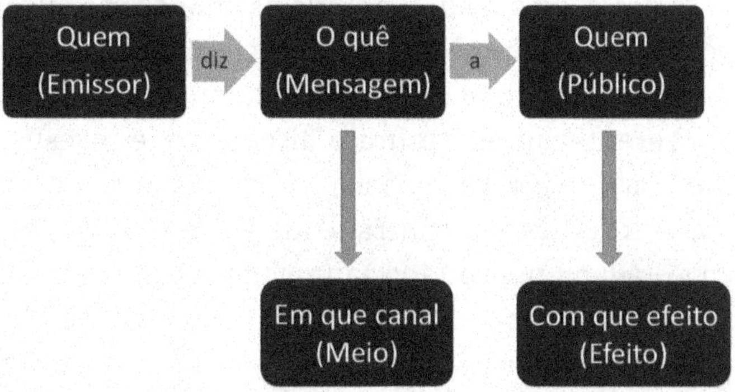

Fonte: Elaborada pelos autores, 2024.

Esse modelo apontou as falhas da Teoria Hipodérmica e ajudou a estabelecer uma estrutura para entender o processo de comunicação em um contexto de mídia de massa mais complexo, embora mais tarde tenha sido criticado por sua simplicidade e abordagem linear, em relação a abordagens posteriores. Entretanto, é inegável sua contribuição.

Para divulgadores científicos, esse modelo é útil do ponto de vista do planejamento de ações, oferecendo uma estrutura clara para organizar a divulgação, levando em conta: quem está divulgando, o que está sendo divulgado, por meio de qual canal, a quem se destina a divulgação e qual efeito se espera alcançar. Ao identificar o público-alvo, os divulgadores podem analisar e adaptar a linguagem, o conteúdo e o meio de comunicação às necessidades e aos interesses desse público, tornando sua atividade mais eficaz. A escolha dos canais de comunicação adequados é facilitada pela consideração do meio pelo qual a mensagem será transmitida, permitindo alcançar o público-alvo de forma mais eficiente. Além disso, a pergunta sobre o efeito esperado incentiva os divulgadores a pensarem nos objetivos de sua proposta, avaliando os possíveis impactos de suas mensagens na construção do conhecimento, das atitudes e/ou dos comportamentos do público. O Modelo de Lasswell pode ser visto ainda hoje como um instrumento que auxilia os divulgadores científicos no planejamento e na execução suas atividades de forma mais estratégica e eficaz, aumentando as chances de engajar o público e promover a compreensão e a apreciação da ciência.

É possível perceber que os textos de divulgação das décadas de 1920-30 apresentavam estrutura e discurso que investiam, principalmente, na função referencial da linguagem, ou seja, num discurso caracterizado pela centralidade naquilo sobre o que se fala, com o tom notadamente voltado à informatividade. Concomitante, com as transformações nos paradigmas comunicacionais, ocorreram mudanças no modo como as abordagens de ciências passaram a ser abordadas. As matérias "I Quit Smoking or Cooper's Last Stand", de 1940, e "Cancer by the Carton", de 1952, da *Reader's Digest*, discutiam a relação entre consumo de tabaco e o impacto sobre a saúde (Figura 2.6), mas se valiam de um discurso mais pessoal, que se dirigia a um público específico, em tom dialógico e informal, para a linguagem da época.

Figura 2.6 – Matérias "I Quit Smoking or Cooper's Last Stand", de 1940, e "Cancer by the Carton", de 1952, da *Reader's Digest*

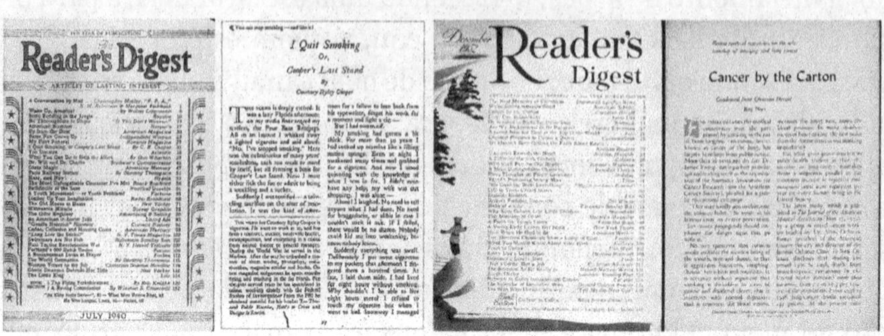
Reader's Digest
JULY 1940
I Quit Smoking
Or,
Cooper's Last Stand
Reader's
Digest
Cancer by the Carton

Fonte: Elaborada pelos autores, 2024.

O Modelo de Lasswell contribuiu para a percepção dos profissionais de comunicação de que o público ainda estaria suscetível às mensagens da mídia (paradigma da cultura de massa), contribuindo, contudo, para o entendimento de que a absoluta influência direta e imediata do conteúdo sobre os receptores era uma falácia. Assumia-se, desse modo, com Lasswell, que as mensagens veiculadas na mídia teriam um efeito rápido e poderoso sobre o público, mas não mais previsível, pois o receptor passou a ser visto como instância não passiva que analisa a mensagem recebida.

Embora a Teoria Hipodérmica tenha sido amplamente superada por modelos de comunicação mais interativos e multidimensionais, ela ainda pode ser observada em argumentações no senso comum. Por outro lado, a despeito de sua superação citada, ela oferece um ponto de partida histórico importante para entender a evolução das teorias da comunicação. Na divulgação científica contemporânea, reconhece-se que a comunicação eficaz da ciência requer uma abordagem mais matizada, que considere a diversidade e a atividade do público. Só chegamos a esse tipo de compreensão atual a partir das etapas precedentes.

2.2.3 Teoria da persuasão

Nas décadas 1940 e 1950, começaram a surgir abordagens com um viés empírico-experimental, que expandiam o pensamento sobre os processos comunicacionais. A Teoria da Persuasão, como campo de estudo formal dentro das teorias da comunicação, foi uma dessas expansões. Ela começou a ganhar destaque na década de 1940, embora as raízes da persuasão como prática e objeto de estudo remontem à Antiguidade, com os retóricos gregos, como Aristóteles, que já exploravam os mecanismos e as estratégias de persuasão.

A transição da Teoria Hipodérmica para abordagens mais experimentais e empíricas de campo foi um avanço na compreensão da comunicação e das mídias. Essa evolução evidenciou a complexidade da interação entre as abordagens experimental e empírica, apesar de suas contribuições distintas. A separação entre elas, embora mais marcada na exposição teórica, revelou-se profícua e relevante.

A partir de estudos psicológicos experimentais, foi se constituindo a Teoria da Persuasão, que revisou os paradigmas anteriores em relação ao entendimento do processo comunicativo, afastando-se da visão mecanicista de estímulo-resposta, passando a reconhecer a complexidade dos elementos envolvidos na comunicação. Interessava os efeitos da mídia, acreditando-se que não seriam de manipulação, e sim de *persuasão* (convencimento). Essa perspectiva enfatizava a importância da estrutura e da organização da mensagem, bem como a relevância dos fatores pessoais do destinatário na interpretação da mensagem.

Foi, contudo, a partir da década de 1950 que surgiram alguns dos trabalhos referenciais para o campo, obras que forneciam novas perspectivas sobre os mecanismos e as estratégias que influenciam a mudança de atitudes e de comportamentos. Embora a Teoria da Persuasão constitua um campo nas Teorias da Comunicação, ela abrange diversas disciplinas, incluindo psicologia, comunicação e *marketing*. Vários teóricos fizeram contribuições significativas para ela como um todo, desenvolvendo conceitos e modelos que ajudam a entender como as atitudes e os comportamentos podem ser influenciados pela comunicação.

O pioneirismo entre seus mais ilustres representes é atribuído ao trabalho do psicólogo Carl Hovland com suas pesquisas sobre persuasão e mudança de atitude. Hovland liderou o Grupo de Pesquisa sobre Comunicação e Atitude na Universidade de Yale, onde conduziu experimentos fundamentais sobre persuasão durante e após a Segunda Guerra Mundial. Sua obra de maior destaque foi *Communication and Persuasion*, de 1953, em coautoria com Irving L. Janis e Harold H. Kelley. Trata-se de uma das obras fundamentais na sistematização dos estudos experimentais sobre os efeitos da comunicação persuasiva.

Em 1957, Leon Festinger desenvolveu uma teoria derivada dos estudos de persuasão, a qual foi por ele chamada de Teoria da Dissonância Cognitiva. Ela foi publicada na obra *A Theory of Cognitive Dissonance*, em 1957. Festinger explorou a questão da dissonância entre crenças e comportamentos, concluindo que elas podem levar à mudança de atitude como forma de reduzir o desconforto psicológico. Essa perspectiva foi — e ainda é — importante para entender como as pessoas lidam com conflitos internos após serem expostas a informações persuasivas. Situação muito comum no cotidiano de divulgadores científicos.

Essa teoria contribui para a compreensão dos processos psicológicos subjacentes à manutenção da coerência e consistência nas crenças e atitudes humanas. Ela postula que os indivíduos possuem um impulso intrínseco para manter uma harmonia interna entre suas crenças, atitudes e comportamentos. Quando confrontados com informações ou situações que desafiam essa harmonia, surge um estado de dissonância psicológica, um desconforto mental que motiva o indivíduo a buscar restaurar a consonância.

A dissonância cognitiva pode ser experimentada em uma variedade de contextos, desde a tomada de decisões até a exposição a informações contraditórias em relação às crenças pré-existentes. Por exemplo, quando uma pessoa que valoriza a saúde e o bem-estar continua a fumar, ela possivelmente experimenta dissonância cognitiva devido à incompatibilidade entre seu comportamento (fumar) e suas crenças (valorizar a saúde). A dissonância pode levar à mudança de atitude ou a certos comportamentos, como justificar o ato de fumar com argumentos minimizadores dos riscos ou, alternativamente, motivar a pessoa a cessar o hábito.

Na divulgação científica, é comum encontrar contextos de dissonância quando um determinado conteúdo está sendo trabalhado com um público cujo comportamento ou crenças sejam contrários às informações científicas divulgadas. Muitas vezes a dissonância funciona como um obstáculo à eficácia da ação desenvolvida.

Festinger sugere que os indivíduos empregam diversas estratégias para reduzir ou eliminar a dissonância cognitiva. Elas incluem a mudança de crenças ou atitudes, a justificação do comportamento por meio da alteração da importância relativa das crenças, ou mesmo a busca de novas informações que corroboram as crenças existentes, reforçando a consonância. A escolha da estratégia depende de fatores como a magnitude da dissonância e a facilidade com que a consonância pode ser restaurada.

A relevância desses estudos transcende a psicologia, influenciando campos como a comunicação, a educação, a saúde pública e a política. No âmbito da divulgação científica, por exemplo, entender os mecanismos da dissonância cognitiva permite o desenvolvimento de estratégias mais eficazes para promover mudanças de comportamento. Ao reconhecer que a simples apresentação de informações muitas vezes não é suficiente para alterar comportamentos arraigados, os profissionais podem criar intervenções que visam especificamente reduzir a dissonância e facilitar a adoção de comportamentos ou atitudes cientificamente recomendadas.

O interesse pela Teoria da Persuasão, particularmente no contexto da comunicação de massa, foi significativamente impulsionado pelas duas Guerras Mundiais, quando governos utilizaram a propaganda para influenciar a opinião pública e o moral das tropas. Durante e após a Segunda Guerra Mundial, pesquisadores começaram a investigar sistematicamente os efeitos da comunicação de massa sobre as atitudes e os comportamentos das pessoas. Isso marcou o início do estudo mais formalizado da persuasão na comunicação, partindo do pressuposto de que a mensagem da mídia não é prontamente assimilada pelo indivíduo, sendo submetida a vários filtros psicológicos individuais.

As implicações da perspectiva da Teoria da Persuasão para a divulgação científica podem ser observadas nas mudanças em relação ao modo como as características específicas das mensagens e as particularidades individuais dos destinatários passaram a ser vistas como influenciadoras na eficácia da divulgação.

Ao destacar a interação entre as características dos estímulos e os traços da personalidade do público, a Teoria da Persuasão acrescentou um novo modelo de conceber o ato comunicativo, cuja elaboração de estratégias intenciona maior efetividade no entendimento dos filtros e dos agentes relacionados com esse ato. Ao trazer a noção de filtros e variedade de agentes, emergiu a ideia de "massa" mais heterogênea. Passa-se a perceber a audiência não como um todo uniforme, mas como uma multiplicidade de sujeitos que poderão (ou não) ficar interessados pelos assuntos aos quais estiverem mais expostos. Isso importa no surgimento de uma lógica distinta, segundo a qual quanto mais se divulga, maior a possibilidade de despertar o interesse de uma massa heterogênea.

A questão da heterogeneidade, nesse momento, ainda não inviabiliza pensar em termos de comunicação massiva. Entende-se que haja comportamentos individuais, mas ainda sujeitos ao impacto da transmissão massiva. Assim, cada sujeito criaria barreiras (cognitivas, culturais etc.) em relação à recepção de uma nova informação e caberia à ação de divulgação nos meios de comunicação de massa adotar métodos e estratégias que ultrapassassem essas barreiras. Atente-se, portanto, para o fato de que a relação de produção de sentido no ato comunicacional massivo não se dá apenas entre grandes atores (governos, detentores do sistema produtivo etc.) e a massa, como era uma tendência, mas entre diversos atores distribuídos com diferentes graus de atuação no tecido social, econômico e político.

A teoria da persuasão começa a colocar o processo comunicativo como um processo de convencimento em diversos extratos. Passou a observar a massa e as forças que atuam no seu controle (instituições e organizações sociais). Importa também, para essa perspectiva, perceber os modos como alguns indivíduos são capazes de distorcer o conteúdo das mensagens a fim de alinhá-lo com sua forma de entender o mundo. Um exemplo disso, na atualidade, são as *fake news* que, em muitos contextos, são filtradas com valor de verdade em face do alinhamento ideológico do receptor. Ou seja, o sujeito recebe uma informação que, em decorrência de sua fonte (legítima ou não), se ajusta aos seus filtros pessoais, persuadindo-o a acreditar nela e passá-la adiante.

A credibilidade da fonte, uma variável frequentemente manipulada em estudos experimentais, tem na Teoria da Persuasão um impacto significativo em relação à aceitação ou não da mensagem pelo público. Isso sugere que, na divulgação científica, a escolha de emissores com alta credibilidade pode aumentar a persuasão e facilitar a aceitação das informações científicas pelo público, entretanto os filtros psicológicos serão sempre as chaves da produção de sentido nesses contextos (Figura 2.7).

Figura 2.7 – Esquema da Teoria da Persuasão

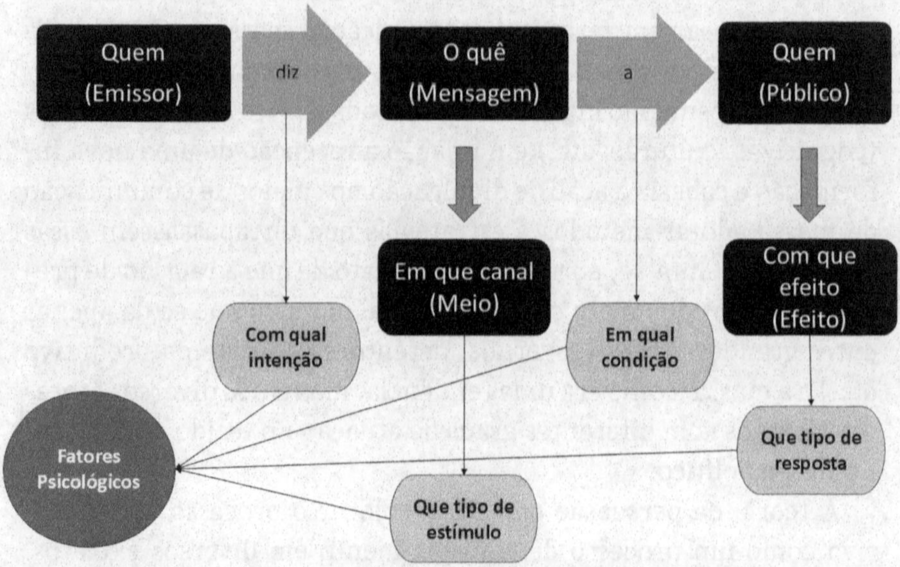

Fonte: Elaborada pelos autores, 2024.

Nessa perspectiva, voltando-se para os mecanismos de persuasão, entram em jogo novas variáveis de base psicológicas, que passaram a ser consideradas nas análises dos processos comunicacionais, tais como:

- **Em relação ao receptor:** interesse em obter a informação (oportunidade e conveniência), exposição seletiva (predisposições para concordar ou não), percepção seletiva (interpretação tendenciosa por questões culturais, religiosas, político-ideológicas etc.), memorização seletiva (retenção de aspectos como a informação com a qual já possui concordância) etc.

- **Em relação à mensagem:** integralidade da argumentação, ordem da argumentação, explicitação das conclusões etc.
- **Em relação ao emissor:** credibilidade do comunicador, autoridade, posição sociocultural, intensão, ideologia etc.
- **Em relação ao meio:** modalidade (visual, auditivo, híbrido etc.), acessibilidade, riqueza do canal (alta capacidade de transmissão rica e complexa, como *feedback* imediato, linguagem múltipla etc. ou baixa capacidade, como o telégrafo), velocidade de propagação, alcance, interatividade, confiabilidade etc.
- **Em relação ao efeito:** mudança ou resistência de mudança de atitude, comportamento, retenção da mensagem, reforço, dissonância cognitiva, intensão, satisfação etc.

Tanto o estudo das características do destinatário quanto do modo de organização das mensagens e demais aspectos com finalidades persuasivas passaram a ocupar um espaço de relevância para a comunicação midiática. Essas mudanças repercutiram, por exemplo, no modo como os programas radiofônicos, jornais impressos e programas televisivos foram rearranjando-se estética e estruturalmente nas décadas posteriores. As repercussões incidiram também sobre uma vasta gama de temas midiáticos, inclusive na divulgação de ciências. A compreensão dessas dinâmicas permitiu aos divulgadores científicos — dentro do que se pode entender o termo na década de 1940 — adaptar suas mensagens às necessidades e às características específicas de seu público, maximizando assim a eficácia da comunicação.

A teoria é relevante ainda hoje, relacionada à importância de se considerar as variações individuais na elaboração de estratégias de comunicação científica. Ao reconhecer que os efeitos das mensagens variam de indivíduo para indivíduo, os divulgadores científicos podem desenvolver abordagens mais inclusivas e personalizadas, que considerem as diferenças individuais na personalidade e na interpretação das mensagens.

É possível perceber, portanto, que a Teoria da Persuasão ofereceu base teórica valiosa para aprimorar a comunicação midiática e, por via de consequência, aprimorar ações de divulgação científica. Ao entender como as características das mensagens interagem com os traços individuais dos destinatários, os divulgadores científicos podem criar estratégias mais eficazes para engajar o público e refletir sobre a compreensão científica.

Embora a formalização dos estudos de persuasão, como um campo de estudo específico dentro da Teoria da Comunicação, tenha tido seu *boom* no século XX, com desenvolvimentos significativos nas décadas de 1940 e 1950, ela continua evoluindo e expandindo-se em complexidade e aplicação até os dias atuais, em abordagens que a sucederam.

Em 1968, a publicação do texto "The Nature of Attitudes and Attitude Change", de William McGuire, contribui para a Teoria da Persuasão com seu modelo de probabilidade de inoculação, que explica como as atitudes podem ser mudadas e tornadas mais resistentes a futuras tentativas de mudança.

Vale ainda ressaltar o trabalho desenvolvido por Richard E. Petty e John T. Cacioppo, "Elaboration Likelihood Model" (ELM), de 1986. Nele os autores desenvolvem um modelo abrangente que explica diferentes maneiras pelas quais as mensagens persuasivas podem levar à mudança de atitude, dependendo do nível de elaboração ou processamento cognitivo envolvido.

A aplicação do ELM na divulgação científica abre espaço, por exemplo, para entender como o público processa informações e quais abordagens podem ser mais eficazes para promover a aceitação e a compreensão de conceitos científicos apresentados. O modelo distingue dois caminhos principais de persuasão: a rota central, que é ativada quando o público está motivado e tem a capacidade de processar a informação de maneira profunda, e a rota periférica, que se torna relevante quando o público tem motivação ou capacidade limitada para o processamento cognitivo profundo.

Na rota central, a ênfase é colocada na apresentação lógica e estruturada de argumentos e evidências. Para um público já interessado e capaz de entender argumentações complexas, como acadêmicos ou especialistas em um determinado campo, a divulgação científica deve se concentrar em fornecer informações detalhadas, claras e baseadas em evidências, evitando jargões desnecessários e explicando conceitos de forma acessível. Isso encoraja o engajamento ativo com o conteúdo, permitindo uma compreensão mais profunda e duradoura.

Por outro lado, a rota periférica é mais adequada para situações em que o público não tenha uma predisposição inicial para se engajar profundamente com o conteúdo científico ou não possua o conhecimento prévio necessário para compreendê-lo integralmente. Nesse caso, a utilização de elementos como credibilidade do comunicador, recursos visuais atraentes, narrativas envolventes e evocação de respostas emocionais pode ser extremamente eficaz. Essas pistas periféricas ajudam a capturar a atenção do público e a facilitar a aceitação da mensagem, mesmo que o processamento profundo do conteúdo seja limitado.

Para alcançar efetivamente um público amplo e diversificado, a combinação de estratégias das duas rotas pode ser particularmente eficaz. Iniciar uma apresentação com uma história cativante pode despertar o interesse do público (rota periférica), preparando o terreno para a introdução de dados e argumentos mais substanciais (rota central). Além disso, é preciso desenvolver métodos para aumentar tanto a motivação quanto a capacidade de o público processar informações científicas, por meio de iniciativas educativas interativas, como *workshops* ou cursos *on-line*.

Ajustar as estratégias de comunicação com base no *feedback* do público é também uma prática recomendada, assegurando que as mensagens sejam compreendidas, aceitas e valorizadas. Ao aplicar os princípios do ELM de maneira estratégica na divulgação científica, é possível aumentar a eficácia da comunicação, além de fomentar uma relação mais rica e engajada entre a ciência e a sociedade.

Esse é apenas um exemplo dentre tantos outros relacionados com a teoria da percepção que podem contribuir, ainda hoje, para a produção e pesquisa em divulgação científica.

2.2.4 Teorias dos efeitos limitados (ou Teoria Empírica de Campo)

Ainda na década de 1940, começou a ganhar destaque outra teoria comunicacional, a Teoria dos Efeitos Limitados, também conhecida como Teoria Empírica de Campo, a qual propunha que os efeitos da mídia eram mediados por fatores como relações sociais e crenças pessoais. Portanto, teorizava-se que haveria uma ponte entre o emissor e o receptor, cuja eficácia da comunicação somente poderia ser analisada dentro do contexto social do indivíduo. Destacava-se, desse modo, a importância do contexto social na interpretação das mensagens, um aspecto importante na divulgação científica, em que a compreensão do público pode variar amplamente.

Essa teoria mudava, assim, a compreensão do impacto dos meios de comunicação de massa sobre o público, pois a abordagem dos efeitos desafiou a noção anterior da Teoria Hipodérmica e aprofundou questões embrionárias nos teóricos da persuasão.

O primeiro ponto de mudança diz respeito à nova percepção sobre a influência mediada, propondo-se que os efeitos da mídia são frequentemente indiretos e mediados por variáveis pessoais e sociais, como crenças pré-existentes, relações sociais e status socioeconômico. Tais processos de mediação alterariam tanto as condições de recepção, quanto a interpretação das informações. Para a divulgação científica, representou a necessidade de construir o conteúdo levando em conta as condições de recepção e os fatores pessoais que são despertados no receptor no momento da recepção da mensagem. Essa foi uma enorme mudança de perspectiva de abordagens pautadas em um modelo unidirecional para um modelo bidirecional.

A teoria reconhece que há um impacto das informações quando chegam às pessoas. Trata-se de um impacto emocional (reação), que precisaria ser investigado no momento em que acontece, e por isso, seria uma abordagem empírica. Esse tipo de abordagem permitiria identificar os elementos que atuam nas escolhas dos receptores e que, posteriormente, reabastecem o sistema comunicacional criando mensagens que agem na tomada de decisões (influência), no sentido de fazer o receptor tomar como sua uma decisão, sem perceber que está sendo influenciado pela mensagem.

Esse poder de influência sobre a recepção repousa, segundo essa teoria, na credibilidade depositada pela recepção na fonte, que irá influenciar na aceitação ou não da mensagem. Isso leva à emergência de um conceito central para a Teoria dos Efeitos Limitados: o de Líderes de Opinião. Esse conceito foi desenvolvido, principalmente, por Paul Lazarsfeld, Bernard Berelson e Hazel Gaudet. Eles exploraram e formularam o conceito em sua obra seminal *The People's Choice*, de 1944.

O ponto de partida para a formulação desse conceito foi a análise do processo de formação de opinião durante a campanha presidencial dos Estados Unidos, de 1940. Lazarsfeld e seus colegas descobriram que as pessoas eram mais influenciadas por outras pessoas do que diretamente pelos meios de comunicação. Concluíram, então, que certos indivíduos, os "líderes de opinião", devido à sua exposição intensa e ao seu status em suas comunidades ou redes sociais, teriam uma influência desproporcional na interpretação e na disseminação de informações, desempenhando um papel de destaque na mediação e na formação de opiniões e tomada de atitudes do público.

Em caráter ilustrativo da Teoria dos Efeitos Limitados, suponhamos que uma nova pesquisa científica sobre mudança climática seja publicada, apresentando evidências alarmantes sobre o aumento do nível do mar. Embora a informação possa ser divulgada em canais de mídia tradicionais e digitais, o impacto direto dessas informações no público em geral seria limitado. As pessoas podem ouvir ou ler sobre a pesquisa, mas muitas não têm o conhecimento técnico para compreender completamente suas implicações ou podem ser céticas quanto à sua relevância.

Nesse cenário, entram em cena os "líderes de opinião" — indivíduos que têm interesse e conhecimento sobre questões ambientais e mudanças climáticas. Eles podem ser professores locais, blogueiros de ciência populares, ativistas ambientais ou até celebridades engajadas em questões climáticas.

Um professor de ciências, por exemplo, pode discutir os resultados da pesquisa em sala de aula, explicando-os de maneira que seus alunos entendam. Ele relacionaria as descobertas com a vida cotidiana dos alunos, destacando a importância de ações sustentáveis. Da mesma forma, um conhecido blogueiro de ciência pode escrever um artigo sobre a pesquisa, desmistificando termos científicos e destacando porque seria importante prestar atenção a essas mudanças.

Esses líderes de opinião, ao interpretarem e contextualizarem a informação científica, a desempenham uma função de equalização do impacto da mídia; isso porque além de tornarem a informação mais acessível e compreensível, estão também atuando na construção de uma ponte entre a comunidade científica e o público. Suas interpretações e opiniões podem influenciar a maneira como seus seguidores ou ouvintes percebem e reagem às questões da mudança climática. Todavia, ao contrário da matriz hipodérmica, essa intervenção não é determinante na interpretação do público. Por isso, é de efeito limitado.

Visto desse modo, é possível concluir que, no campo da divulgação científica, os líderes de opinião são essenciais para ampliar o alcance e a compreensão das informações científicas, mas sua ação é limitada. Eles ajudam a traduzir dados complexos em conhecimento acessível, incentivando a conscientização e a ação informada do público.

Posteriormente, no livro *Personal Influence*, de 1955, Lazarsfeld, em colaboração com Elihu Katz, expandiu o conceito de líderes de opinião, para o de influenciador, que não se confunde com a noção contemporânea dos "influencers" de redes sociais, embora estes estejam compreendidos naqueles. Nesse livro, eles aprofundaram a compreensão do processo pelo qual as opiniões são formadas e disseminadas em uma sociedade, destacando ainda mais o papel dos líderes de opinião no fluxo de comunicação em duas etapas. A teoria sugere que a informação flui da mídia para os líderes de opinião e, então, destes para um público mais amplo, desafiando a ideia de um fluxo direto da mídia para o público, que caracterizava a Teoria Hipodérmica.

Esses trabalhos foram fundamentais para mudar o entendimento do impacto da mídia, passando da ideia de um efeito direto e uniforme para uma visão mais matizada. Os efeitos da mídia passaram a ser entendidos como gestos mediados por relações interpessoais e influências sociais.

É importante destacar que a noção de líderes de opinião é frequentemente caracterizada como sendo aqueles sujeitos ou instituições que, por seu maior interesse e envolvimento em áreas específicas, como ciência, política ou cultura, produzem um efeito de referencial simbólico. Os líderes de opinião geralmente são vistos como mais informados ou competentes em determinados assuntos e, portanto, são procurados por sua posição de autoridade. Esses indivíduos podem não ser especialistas formais, mas devem possuir credibilidade e confiança dentro de seus círculos sociais.

Na divulgação científica, tais líderes agem como intermediários entre a comunidade científica e o público em geral. Ao filtrar, interpretar e personalizar informações científicas, eles tornam esses conteúdos mais acessíveis e relevantes para seu público. Por exemplo, um professor de ciências respeitado em uma comunidade, um blogueiro de ciências popular ou um médico local podem atuar como líderes de opinião, influenciando como a ciência é percebida e entendida por aqueles ao seu redor.

Com o advento das redes sociais, o papel dos líderes de opinião na divulgação científica tornou-se ainda mais significativo. Isso se dá tanto em relação às suas comunidades específicas como criadores de conteúdo e figuras públicas, quanto na condição de "influenciadores digitais". Tais lideranças podem atingir um público amplo e diversificado, moldando a percepção pública sobre questões científicas. Eles têm o poder simbólico de amplificar ou legitimar mensagens de divulgação científica, desmistificar conceitos complexos e combater desinformação. Por outro lado, eles enfrentam o desafio de apresentar informações de maneira precisa e equilibrada, mantendo a fidelidade ao rigor científico. Nesse sentido, devem navegar entre simplificar o conteúdo para torná-lo acessível, sem comprometer sua precisão. Além disso, devem estar atentos ao viés de confirmação e à polarização, garantindo que a informação não seja apenas um reflexo de suas próprias crenças ou daquelas de seu público.

O impacto gerado por eles na forma como o público percebe questões científicas não é, contudo, determinante, ou seja, não é previsível, nem garantido. Trata-se de um sistema de mediação. Eles podem ajudar a formar opiniões informadas, promover a aceitação de novas descobertas científicas e incentivar o pensamento crítico, mas não definir, nem garantir resultados. Em tempos de crise, como uma pandemia, seu papel ganha relevo na disseminação de informações confiáveis e na promoção de comportamentos saudáveis.

A Teoria dos Efeitos Limitados aplicada à divulgação científica ajudou, também, a entender que o público não é homogêneo e que diferentes grupos podem interpretar a mesma informação de maneiras distintas. Trata-se de entender a função desempenhada pelos intermediários no processo de divulgação, pois assim como os líderes de opinião, figuras como educadores, jornalistas científicos e influenciadores digitais desempenham funções relevantes na interpretação e na disseminação de informações científicas. Naquele momento, essa teoria foi relevante também por destacar, de modo inovador, a importância das estratégias de comunicação segmentadas. Isso indica a necessidade de que as estratégias de comunicação sejam pensadas como parte de suma importância para a eficácia de ações de divulgação, por meio do direcionamento e da personalização da ação de divulgação científica, considerando as diferentes maneiras pelas quais os grupos recebem e processam informações.

Estamos falando de uma etapa histórica das teorias da comunicação, contudo, suas releituras e ampliações não invalidam seus muitos aspectos ainda atuais, suas contribuições, influências e utilidade na prática da divulgação científica ainda hoje. As releituras não importam em invalidação, mas em evolução.

É possível perceber as contribuições da Teoria dos Efeitos Limitados para a prática da divulgação científica na ênfase contemporânea sobre a importância de entender o público e suas diversas formas de interação com a mídia. Reconhece-se, agora, que a eficácia da divulgação científica depende não apenas do conteúdo, mas também de como e por quem a informação é comunicada. Além disso, a teoria ajudou a moldar estratégias de comunicação que levam em consideração a influência de redes sociais e comunidades na formação de opiniões e atitudes em relação à ciência. Ela ainda oferece *insights* valiosos para a divulgação científica hoje, destacando a necessidade de abordagens de comunicação mais sofisticadas e adaptadas às complexidades do público e dos intermediários na disseminação da informação.

Entre os principais autores relacionados com a Teoria dos Efeitos Limitados, estão nomes como Paul Lazarsfeld, Elihu Katz e Bernard Berelson.

2.2.5 Teoria Funcionalista

A Teoria Funcionalista surge após a Segunda Guerra Mundial com o objetivo de entender as funções que são exercidas pela mídia nas sociedades, e não os seus efeitos. No funcionalismo, a ênfase está no tipo de função, por exemplo: função narcotizante, função dominante, função alienante, função social, dentre outras. Inspira-se, portanto, nos estudos sociais estrutural-funcionalistas, que concebem a sociedade como um conjunto de sistemas integrados que sustentam estruturas sociais. Nesse sentido, em vez de estudar, por exemplo, o comportamento do indivíduo em contexto de consumo midiático de um vídeo de divulgação científica, volta-se para a compreensão da função social desse indivíduo (professor, pesquisador, mediador, comunicador etc.) como consumidor de valores e modelos adquiridos comunitariamente.

Para o funcionalismo, o termo "função" refere-se ao papel ou contribuição de uma instituição, processo ou fenômeno social para a manutenção ou adaptação da sociedade como um todo. Ele tenta entender como diferentes partes da sociedade trabalham juntas para promover a estabilidade e a ordem social. Cada parte, seja uma instituição como a família, a escola ou a mídia, desempenha funções específicas que ajudam a manter o equilíbrio e a continuidade da sociedade. Por exemplo, no contexto da comunicação e dos estudos de mídia, a teoria funcionalista pode analisar como a divulgação científica serve a funções sociais como:

- **vigilância:** coleta e disseminação de informações sobre o que está acontecendo no mundo, ajudando a manter os indivíduos informados;
- **correlação:** interpretação das informações, contribuindo para a formação da opinião pública e a socialização dos indivíduos;
- **transmissão:** transmissão de valores, normas e cultura de uma geração para outra, auxiliando na socialização e integração social;
- **entretenimento:** oferta de lazer e relaxamento, ajudando a aliviar o estresse e a tensão.

É possível observar, portanto, que o termo "função" é usado para descrever o papel desempenhado por diferentes elementos da sociedade na promoção da estabilidade, ordem e bem-estar social. Para aplicar essa noção de funções, os estudiosos ligados a essa teoria concentram atenção nos aspectos cotidianos das relações sujeito-mídia, e não mais nas ações da propaganda, de campanhas e programas que permeavam os estudos anteriores. A dinâmica do sistema social e a função desempenhada pela mídia são colocadas no centro dos estudos, tentando identificar e descrever os sistemas e os subsistemas ativados nas dinâmicas comunicacionais.

O pensamento funcionalista avançou sempre na busca do entendimento da lógica que regula os fenômenos sociais na interação sujeito e mídia, entendendo que esses fenômenos são constituídos por imperativos funcionais que todo sistema social precisaria enfrentar: a sustentabilidade do modelo e o controle das tensões; a adaptação ao ambiente; o ajuste de funções sociais (segurança pública, prevenção de doenças, aumento de produtividade etc.); e a integridade do sistema.

As questões colocadas pela teoria envolviam, por exemplo, o estudo de comportamentos funcionais e disfuncionais de sistemas e subsistemas. Por exemplo, um programa radiofônico que estivesse exercendo uma função social, buscando conscientizar a população sobre as implicações do consumo abusivo de álcool, seria funcional na medida em que desempenhasse a tarefa de realçar os aspectos negativos do consumo abusivo e as formas de tratamento do alcoolismo, mas seria disfuncional, por exemplo, se contasse com patrocínio de uma empresa de bebidas. A disfuncionalidade, portanto, descreveria um conjunto de condições que levam a função a se distanciar de seu propósito.

Na perspectiva funcionalista, as relações funcionais entre a divulgação científica e a sociedade seriam marcadas por duas funções primordiais: contribuir para alertar a sociedade sobre riscos, e fornecer informações que subsidiem atividades cotidianas. Observe-se que a função não se confunde com o propósito (meta). Esse diz respeito a um elemento subjetivo associado à intenção do indivíduo, ao passo que a função é uma consequência objetiva da ação. Ela se distancia dos métodos da Teoria Hipodérmica e Empírico-experimental dos Efeitos Limitados, buscando estudar os fenômenos midiáticos em suas situações corriqueiras e cotidianas, com o objetivo de entender as funções ali estabelecidas (atribuição de status, reforço de prestígio, reforço de normas sociais etc.).

2.2.6 Teoria Crítica

A Teoria Crítica surgiu como uma reação à Teoria Funcionalista, retomando a questão do sujeito (consumidor de comunicação) no contexto social, mas sobretudo se preocupando com o papel da mídia e das tecnologias de comunicação na sociedade, especialmente no que diz respeito ao poder, à ideologia e à dominação. A Teoria situa o sujeito em uma posição em que ele não é simplesmente persuadido, mas, sim, manipulado sem que se dê conta disso. E as funções seriam, nessa perspectiva, efeito do processo de manipulação.

Ela se originou a partir dos trabalhos de estudiosos da chamada Escola de Frankfurt, na Alemanha, na primeira metade do século XX, tendo como principais expoentes Theodor Adorno, Max Horkheimer, Herbert Marcuse e Jürgen Habermas (Figura 2.8). Em seu horizonte de análise, ela analisa e critica as estruturas sociais, culturais e políticas que perpetuam desigualdades e dominação.

Figura 2.8 – Max Horkheimer (à esquerda), Theodor Adorno (à direita) e Jürgen Habermas (em segundo plano, à direita), Heidelberg (1964)

Fonte: Wikimedia Commons, 2008. Licença: CC BY-SA 3.0.

Essa teoria ofereceu para a divulgação científica uma perspectiva crítica sobre como o conhecimento científico é comunicado e recebido pela sociedade. Primeiramente, a teoria destaca o papel do poder e da ideologia na comunicação, levando à análise crítica de quem controla a produção e disseminação do conhecimento científico e como certas agendas ou interesses podem influenciar o conteúdo divulgado. Um gesto reflexivo pode levar o divulgador a pensar, inclusive, as nuanças de seu próprio discurso e até onde ele pode estar a serviço de macroestruturas e atravessado por vieses ideológicos, ferindo a desejada neutralidade científica.

Outro ponto que merece destaque é a ênfase dessa teoria na questão da *hegemonia cultural*, questionando quais áreas da ciência recebem mais atenção e recursos, bem como refletindo sobre as prioridades culturais e sociais. Trata-se de um conceito, inspirado pelas ideias de Antonio Gramsci, que diz respeito ao modo como a mídia tende a perpetuar a dominância de uma dada perspectiva cultural sobre outras, ou seja, a dominação de uma classe social sobre outras por meio do controle das ideias e dos valores disseminados na sociedade.

Por essa perspectiva, caberia ao divulgador científico refletir sobre o papel que ele e suas ações desempenham, tendo em vista que, necessariamente, fazem parte da indústria cultural, em que a comercialização da ciência e a simplificação ou distorção de questões científicas pela mídia podem ser pontos de preocupação. O termo "indústria cultural" foi cunhado por Theodor Adorno e Max Horkheimer, na obra *Dialética do Esclarecimento*, em 1944, para descrever como a mídia (como cinema, rádio e televisão) se tornou uma ferramenta de manipulação em massa, promovendo a passividade, a conformidade e o consumo, ao invés de fomentar a criatividade e o pensamento crítico.

Além disso, a teoria busca promover a emancipação dos indivíduos, incentivando a autonomia e o pensamento crítico, o que é necessário para uma divulgação científica que auxilie o público a compreender e a questionar o próprio conhecimento científico a partir de argumentos bem fundamentados. Nesse sentido, ela valoriza a comunicação dialógica, sugerindo a importância de envolver o público em um diálogo significativo sobre a ciência, em vez de apenas transmitir informações. Para a formação de um espaço democrático de diálogo, é valiosa a noção de Esfera Pública, desenvolvida por Jürgen Habermas, na obra *Mudança Estrutural da Esfera Pública: Investigação quanto a uma categoria da sociedade burguesa*, publicada em 1962. Sua contribuição foi significativa na percepção dessa esfera como um espaço em que os cidadãos podem se engajar em debate racional e crítico sobre questões públicas. A mídia é vista como um elemento essencial para facilitar a esfera pública, além de um meio de possíveis distorções e manipulações, comprometendo a qualidade do discurso democrático.

As contribuições da Teoria Crítica, aplicadas à divulgação científica, podem ser vistas como um incentivo para abordagens mais reflexivas, críticas e inclusivas na divulgação do conhecimento científico, considerando as dinâmicas de poder, ideologia e cultura na sociedade. Ele favorece a análise de como o conhecimento científico é produzido, quem tem acesso a ele e como ele é utilizado na sociedade, promovendo uma compreensão mais profunda das implicações sociais e éticas da ciência. Acrescenta, assim, à prática do divulgador uma preocupação com a possibilidade de que as tecnologias de comunicação a seu serviço podem também ser utilizadas para fins de controle social e vigilância, reforçando estruturas de poder existentes para além do conteúdo objetivamente trabalhado.

2.2.7 Teoria Culturológica

A abordagem culturológica, de Edgar Morin, começou a ser desenvolvida nas décadas de 1960 e 1970, período em que ele publicou *O Espírito do Tempo*, em 1962, e *O Paradigma Perdido: A Natureza Humana*, em 1973. Esses trabalhos refletem o início de seu pensamento sobre a complexidade e a interdisciplinaridade, que são fundamentais para sua abordagem da cultura. No entanto, foi ao longo das décadas seguintes que Morin aprofundou e sistematizou sua teoria da complexidade, aplicando-a de forma mais explícita aos estudos da cultura. Sua obra *O Método*, uma série de seis volumes, publicada entre 1977 e 2004, explorou sua visão sobre a complexidade e a interconexão dos fenômenos culturais ao longo de várias décadas, à medida que ele expandia seu pensamento sobre a complexidade e a aplicava ao estudo da cultura.

A Teoria Culturológica apresenta-se como uma abordagem que se opõe tanto à Teoria Funcionalista quanto à Teoria Crítica, concentrando-se no estudo da cultura de massa. Morin (2005, 1962) propõe uma fenomenologia sistemática apoiada em pesquisa empírica, analisando a cultura de massa como um sistema de cultura que inclui símbolos, valores, mitos e imagens relacionados à vida prática e ao imaginário coletivo. Para ele, a cultura de massa não é autônoma, podendo absorver e ser influenciada por outras culturas, como a nacional, a religiosa, a humanística, entre outras.

Morin (2005) enfatiza a dialética entre o sistema de produção cultural e as necessidades culturais dos consumidores, argumentando que a eficácia da cultura de massa se baseia em sua adequação às aspirações e às necessidades existentes na sociedade. Ele considera a cultura de massa como uma ética do lazer, em que o consumo de produtos é uma forma de autoconsumo e autorrealização.

A indústria cultural é, nesse viés, um sistema de manipulação dos sujeitos e a cultura de massa se adequaria aos desejos e às aspirações da massa, tornando-se uma forma de autorrealização do que é suprimido no cotidiano dos sujeitos. Ao mesmo tempo, ao tentar se adequar aos aspectos culturais da massa, a cultura de massa corromperia e desagregaria outras culturas, que não são imunes a esse contato, e tenderiam a ser padronizadas, apagando boa parte do que as diferenciam. Ao mesmo tempo, alguns aspectos culturais nunca serão padronizados ou apagados, pois são latentes a dada cultura, e irão reagir na forma de novos desejos e aspirações, gerando um *feedback* que perpetua o dinamismo cultural.

Nesse sentido, a cultura de massa é vista como uma moderna "religião" que promete a salvação terrena baseada no lazer e no consumo, com potencialidades e limites em seu próprio desenvolvimento. Seu discurso encontra eco no sistema de crenças da sociedade (desejos e aspirações).

A análise de Morin (2005) sobre a cultura de massa também aborda as consequências de sua natureza industrial e de consumo, como a tendência à estandardização e a busca por um denominador comum de qualidade para um espectador médio. Ele discute o papel do sincretismo na homogeneização da cultura de massa, bem como as implicações da relação entre informação e ficção, que destaca a importância de um novo público de assalariados que consome essa cultura em diferentes estratos sociais.

Ela contribuiria, então, para o enfraquecimento de instituições intermediárias como a família e a classe social, criando um aglomerado de indivíduos a serviço da supermáquina social. Morin (2005) critica a abordagem dos *mass media* nas teorias da comunicação anteriores, por sua falta de sistematicidade e por se concentrarem mais na sociedade do que no Espírito do Tempo. Propõe, então, uma abordagem mais empírica e menos generalizante para estudar essa cultura.

Diante dos paradigmas anteriores que sempre colocaram a recepção como vítima de forças, de sistemas e dos meios, Morin (2005) problematiza e reivindica o devido espaço para a cultura das sociedades, para seus desejos, para as aspirações resultantes dos modelos pelos quais elas foram criadas e educadas. Dá ênfase, portanto, ao dinamismo do tecido cultural, sua complexidade e potencial criativo. Ele reivindica, também, o reconhecimento dos meios de comunicação (cinema, televisão, música etc.) como espaços de expressão, lugar do real e do imaginário nos estudos sobre a cultura de massa.

Note-se que a Teoria Culturológica é uma abordagem teórica que compreende a cultura e os processos culturais a partir de uma perspectiva integrada e multidisciplinar. Ela considera que as variadas culturas de uma sociedade seriam compartilhadas e influenciariam a forma como os indivíduos interpretam e interagem com o mundo ao seu redor. Portanto, as culturas seriam construções sociais dinâmicas, que estão em constante processo de negociação e transformação. Por isso, os estudos culturológicos analisam como os diferentes elementos culturais são produzidos, transmitidos e recebidos pelos indivíduos, bem como as relações de poder e as identidades que são construídas no contexto cultural.

Essa abordagem pode servir de lente para a divulgação científica. Ao reconhecer a complexidade cultural, o divulgador é desafiado a se adaptar às diferentes realidades e contextos dos públicos-alvo. Isso implica estar sensível à relevância de uma comunicação mais sensível às nuances culturais, o que pode facilitar a compreensão e a aceitação do conhecimento científico. Além disso, essa teoria sugere a necessidade de uma abordagem interdisciplinar na divulgação científica, integrando conhecimentos de diversas áreas e considerando a complexidade dos temas científicos de forma holística.

Seguindo os pressupostos da Teoria Culturológica, a divulgação da ciência precisa ser desenvolvida para que apresente de maneira integrada seus temas, mostrando como diferentes áreas do conhecimento se conectam e se influenciam, e que um determinado fenômeno apresenta muitos aspectos, ainda que seja necessário selecionar alguns no ato da divulgação. Trata-se, assim, de apresentar a seleção, mas dar a ver que essa seleção está relacionada com variados contextos e disciplinas. Ao mesmo tempo, deveria considerar os desejos e os anseios do público, bem como seu *feedback*, para refletir sobre a pertinência e a maneira como os temas estão sendo abordados em relação a determinado universo cultural.

Morin (2005) enfatiza a importância da cultura em todas as suas dimensões nos processos dinâmicos, o que inclui a própria cultura científica, que pode ser definida como o conhecimento científico incorporado à cultura de uma sociedade, abrangendo os conteúdos científicos, além das condições históricas, sociais e culturais da produção desse conhecimento. Ele enfatiza a integração do conhecimento científico e tecnológico nos repertórios de recursos cognitivos e críticos necessários à participação na sociedade e ao exercício ativo da cidadania.

2.2.8 Teorias dos efeitos de longo prazo

A evolução dos estudos sobre os efeitos da mídia, iniciados na década de 1940, ganhou novo impulso a partir da década de 1950, com maior relevo na década de 1970, com a transição significativa na forma como compreendemos a influência dos meios de comunicação sobre o público. Essa mudança de paradigma foi caracterizada por uma ênfase nos efeitos de longo prazo, por exemplo, efeitos cognitivos, emocionais, comportamentais, atitudinais, de aprendizagem, dentre outros. Abriu-se, assim, caminho para o desenvolvimento de desdobramentos teóricos anteriormente ignorados, mas que são, de fato, imanentes aos processos comunicacionais.

As teorias de longo prazo começaram a negar a relevância absoluta das discussões em torno do emissor, da mensagem, do canal, do receptor passando a se preocupar com a relação comercial entre os meios de comunicação, especialmente com os processos de produção das informações, questionando as relações entre as pessoas e a opinião pública.

As premissas básicas de todas as teorias que se desdobram a partir dessa abordagem convergem para a percepção de que os meios de comunicação de massa não alterariam diretamente o conjunto de ideias e ações de uma sociedade, mas afetariam a esfera das ideias, ou seja, o modo como o indivíduo organiza o seu conhecimento. Afasta-se, desse modo, tanto da Teoria Hipodérmica, quanto das Teorias Funcionalista e Crítica, investindo nos aspectos imanentes das relações com a mídia. Há, com isso, uma mudança de perspectiva. O objeto de estudo passa a se centrar na cobertura global dos meios de comunicação.

Do ponto de vista metodológico, técnicas como entrevistas com o público perdem força, pois já não é mais tão relevante pensar os efeitos limitados, mas sim o sistema de estruturação dos conhecimentos. Nas teorias alinhadas com essa abordagem, o estudo dos *efeitos* perde sua relevância *sincrônica*, isto é, a relevância ou significado de alguma coisa em um momento específico no tempo, em favor de uma relevância *diacrônica*, que se refere à análise de um fenômeno ao longo de diferentes períodos históricos. Por isso, ganha a denominação de Teoria dos Efeitos de Longo Prazo.

Embora o nome da teoria seja usado, canonicamente, no singular, o mais adequado seria nos referirmos a teorias, pois a proposta consiste em um largo conjunto de abordagens teóricas que pensam os efeitos de longo prazo em diferentes direções.

Algumas premissas são comuns a todas as teorias derivadas, como o entendimento de que no processo de comunicação de massa há uma capacidade intrínseca para criar e manter a relevância de um tema por meio da repetição (Acumulação); de que é recorrente em blocos temporais a reprodução de um mesmo tema em variados meios (Consonância); de que as opiniões mais amplamente difundidas em relação aos temas recorrentes produzem grande permeabilidade social, tornando-se conhecidas (em maior ou menor grau) (Onipresença); e, por fim, a ideia de que a Onipresença e a Consonância influenciam a percepção do público sobre o que é ou não relevante (Relevância). Partem, assim, do entendimento de que a opinião pública é *equacionada* — mas não persuadida ou manipulada — pela difusão de informações na mídia.

Entre as teorias compreendidas nessa abordagem, destacam-se as do meio, do agendamento, do cultivo, dos usos e gratificações e do processamento da informação. Essas teorias oferecem perspectivas complementares para a compreensão e o aprimoramento da comunicação midiática, sendo altamente pertinentes para refletir sobre a divulgação científica.

a) Teoria do Meio

A Teoria do Meio se afasta das discussões até então centradas exclusivamente nos emissores, receptores e mensagem, chamando a atenção para a importância do Meio, porque é por meio dele que a sociedade constrói sua noção de realidade. Nessa perspectiva, é inclusive o meio que vai permitir às pessoas decidirem se elas se alinharão com perspectivas funcionalista, críticas, ou qualquer outra, pois é o meio que fornece as condições para circulação das informações.

Sugere, assim, que a tecnologia e os meios de comunicação (mídia) têm um impacto significativo no desenvolvimento social, cultural e até mesmo na estrutura cognitiva dos indivíduos. Essa teoria foi amplamente discutida e popularizada por Marshall McLuhan, um teórico da comunicação canadense, na década de 1960. McLuhan argumentava que, além de transmitir informações, as tecnologias de comunicação também moldam nossas percepções, estruturas sociais e processos cognitivos ao longo do tempo.

Para McLuhan, os meios são tão importantes que causam efeitos tanto cognitivos quanto físicos. Em sua obra seminal *Os Meios de Comunicação como Extensões do Homem* (1964), ele propõe uma perspectiva revolucionária sobre a relação entre tecnologia e sociedade. Para ele, os meios, além de serem canais de transmissão de informações, são extensões de nossas capacidades sensoriais e cognitivas. McLuhan (1964) argumenta que cada meio, seja a escrita, a imprensa ou a televisão, molda nosso modo de pensar, sentir e interagir com o mundo. Essas extensões tecnológicas ampliam nossas habilidades e provocam mudanças profundas em nossa percepção da realidade, nossos padrões de comportamento e até mesmo nossa estrutura física. Por exemplo, a invenção da imprensa transformou a cultura oral em uma cultura tipográfica, alterando profundamente a cognição humana e a organização social, além de estabelecer novos hábitos corporais. Se nas culturas orais, os ambientes eram abertos ao movimento do corpo (ateliês, oficinas), a cultura tipográfica cria novos ambientes nos quais o corpo passa a maior parte do tempo sentado, as bibliotecas estabelecem espaços de silêncio e quietude corporal. Assim, para McLuhan (1964), entender os efeitos dos meios é fundamental para compreender as dinâmicas culturais e as transformações da sociedade moderna.

Para ele, "o meio é a mensagem", o que significa que o modo como uma mensagem é transmitida (o meio) é tão importante, ou até mais importante, do que o conteúdo da mensagem em si. Ele argumentava que cada meio de comunicação possui características únicas que moldam a forma como as pessoas percebem e interagem com o mundo. Portanto, para ele o meio não é um mero canal de passagem ou veículo de transmissão. Por exemplo, a invenção da imprensa por Gutenberg, no século XV, revolucionou a sociedade ao tornar a informação mais acessível e promover a alfabetização em massa. Da mesma forma, a televisão transformou a cultura ao criar uma experiência visual coletiva e homogeneizar certos aspectos da vida cotidiana.

A Teoria do Meio também aborda a ideia de que diferentes meios de comunicação favorecem diferentes formas de organização social e pensamento. Assim, meios de comunicação baseados em texto, como livros e jornais, incentivam o pensamento linear e analítico, enquanto meios visuais, como a televisão, promovem uma percepção mais fragmentada e sensorial.

Além de McLuhan, vários outros teóricos fizeram contribuições significativas ao desenvolvimento e à expansão da Teoria do Meio. Harold Innis, estudou o impacto dos meios de comunicação na formação e no declínio dos impérios e introduziu os conceitos de "meios de comunicação de tempo" e "meios de comunicação de espaço", argumentando que diferentes tecnologias de comunicação favorecem a organização temporal ou espacial das sociedades. Suas obras, como *Empire and Communications*, de 1950, e *The Bias of Communication*, de 1951, lançaram as bases para a Teoria do Meio.

Os pensamentos de McLuhan (1964) e Innis (1950, 1951) foram altamente influentes nas décadas seguintes, com destaque para os anos 1960-1980. Nesta última década, a Teoria do Meio ganhou um novo impulso como a publicação de uma nova geração de estudiosos, como Walter Ong, um estudioso da cultura que explorou as diferenças entre culturas orais e escritas. Em *Orality and Literacy*, de 1982, Ong discutiu como a invenção da escrita e da impressão transformou a cognição humana e as estruturas sociais. Contribuiu também para a Teoria do Meio ao destacar a influência dos meios de comunicação na evolução da consciência e da expressão humana.

Outro importante teórico dessa vertente foi Neil Postman, um educador e crítico cultural americano, que expandiu a Teoria do Meio para a educação e a cultura popular. Em *Amusing ourselves to death*, de 1985, Postman levantou uma relevante discussão sobre o papel da televisão na transformação da comunicação pública em entretenimento, prejudicando o discurso público e a democracia, recuperando e redimensionando algumas discussões tratadas pela Teoria Crítica, mas, aqui, com centralidade no meio. Postman (1985) enfatizou, ainda, a importância de entender como os meios de comunicação moldam nosso pensamento e nossa cultura.

A problematização trazida por Postman é profundamente relevante para a divulgação científica, pois destaca a importância de compreender como os meios de comunicação influenciam a percepção pública da ciência. Ao alertar para o risco de a televisão e outros meios de comunicação transformarem a comunicação em mero entretenimento, podemos perceber que a própria divulgação científica, dependendo das configurações e natureza do meio, pode comprometer a seriedade e a profundidade do discurso científico que se deseja divulgar.

Isso ressalta a necessidade de estratégias de divulgação científica que preservem a integridade e a relevância do conteúdo, ao mesmo tempo em que se adaptam às características e ao impacto dos diferentes meios de comunicação na sociedade. Tal reflexão sobre os efeitos dos meios de comunicação no pensamento e na cultura é relevante para guiar a prática da divulgação científica de maneira responsável e eficaz.

Em 1985, na obra *No sense of place*, Joshua Meyrowitz desenvolveu a ideia de que os meios de comunicação além de transmitirem conteúdo, moldam contextos sociais. Seu pensamento parte da análise de como a televisão alterou a percepção das fronteiras entre espaços públicos e privados, influenciando a identidade e o comportamento social ao longo do tempo.

Esses autores, entre outros, contribuíram para a compreensão de como os meios de comunicação influenciam a sociedade e a cultura, ampliando o escopo e a aplicabilidade da Teoria do Meio em diferentes áreas de estudo. Ao enfatizar a influência da mídia na percepção, no pensamento e na cultura, ela oferece importantes *insights* para a divulgação científica. À luz desse viés teórico, é possível entender que a forma como a ciência é comunicada — seja por meio de artigos escritos, programas de televisão, *podcasts* ou mídias sociais — pode moldar significativamente a compreensão pública do que se deseja divulgar, muitas vezes com efeitos que escapem da própria intencionalidade do divulgador.

A televisão, com sua natureza visual e tendência ao entretenimento, pode favorecer a simplificação de conceitos científicos e a dramatização de descobertas, o que pode aumentar o interesse do público, mas também pode levar a mal-entendidos ou à superficialidade na compreensão científica. Por outro lado, meios de comunicação baseados em texto, como revistas e jornais científicos, tendem a promover uma abordagem mais detalhada e analítica, mas podem não alcançar um público tão amplo.

A Teoria do Meio também destaca a importância de considerar o impacto dos novos meios de comunicação, como a internet e as mídias sociais, na divulgação científica. Essas plataformas oferecem novas oportunidades para a comunicação direta entre cientistas e o público, permitindo uma disseminação mais rápida e ampla de informações científicas. No entanto, também apresentam desafios, como a proliferação de informações falsas e a fragmentação do público, a diminuição da atenção, a presença de contextos hiperestimulados que diminuem a atenção e prejudicam a memória, dentre outros. Assim, ela pode ser útil também para os divulgadores científicos planejarem suas estratégias de divulgação, ajudando-os a escolher os meios mais apropriados para transmitir suas mensagens de forma eficaz e a entender como diferentes meios podem influenciar a percepção e a compreensão do público sobre o que se pretende divulgar.

Embora a Teoria do Meio tenha gerado profundos impactos acadêmicos, ela também enfrentou críticas. Alguns argumentam que ela superestima o papel da tecnologia na sociedade e subestima a capacidade dos indivíduos e das culturas de moldar o uso e o impacto da mídia.

b) Teoria do Agendamento (*agenda-setting*)

A Teoria do Agendamento (ou *agenda-setting*) foi desenvolvida nos anos 1960-1970, sugerindo que a mídia não diz às pessoas o que pensar, mas sobre o que pensar. Na divulgação científica, isso implica que a mídia tem um papel significativo na determinação dos tópicos científicos que recebem atenção pública.

Segundo essa teoria, a estrutura da sociedade é moldada e influenciada pelos meios de comunicação de massa. Nesse contexto, é a mídia que desempenha um papel determinante na seleção dos temas e dos assuntos que se tornam parte do diálogo cotidiano entre os consumidores de notícias. Consequentemente, o público tenderia a atribuir maior importância e relevância aos tópicos que recebem ampla cobertura e exposição midiática. Pode-se dizer que a mídia atuaria como uma espécie de arquiteta da agenda pública, selecionando e destacando as questões que serão discutidas e debatidas pela sociedade, mas sem controle da discussão propriamente dita. Ela se estabeleceria a partir das correntes ideológicas, econômicas, filosóficas e outras que fazem parte da realidade de cada sociedade. Ela se estabelece como o elemento de conexão entre os eventos que ocorrem no mundo e as representações desses eventos no imaginário coletivo das pessoas.

No contexto da Teoria do Agendamento, as representações mentais coletivas são profundamente influenciadas pela constante enxurrada de informações disseminadas pelos meios de comunicação. Esse fluxo contínuo de informações teria o potencial de alinhar percepções e imagens compartilhadas pela sociedade, moldando assim o imaginário coletivo. A partir dessa perspectiva, a mídia exerceria um poder significativo sobre o público, induzindo efeitos baseados no conteúdo e na forma como as informações são apresentadas. Consequentemente, as decisões tomadas pelo público poderiam ser percebidas como reflexo de suas próprias opiniões, mesmo que, na realidade, sejam influenciadas pela agenda midiática.

É importante salientar que, dentro dessa avalanche de informações, coexistem narrativas e perspectivas tanto favoráveis quanto contrárias ao discurso veiculado pela mídia. Embora o posicionamento do público possa ser imprevisível, é provável que suas opiniões e atitudes gravitem em torno dos temas e das questões destacados pela agenda estabelecida pela mídia. Assim, a Teoria do Agendamento destaca o papel central da mídia na configuração do discurso público e na orientação das percepções e atitudes da sociedade.

Na esfera da divulgação científica, a aplicação da Teoria do Agendamento assumiria uma dimensão particularmente relevante. A mídia, ao selecionar e enfatizar determinados temas científicos, informaria o público sobre avanços e descobertas e moldaria a percepção sobre quais áreas da ciência são consideradas prioritárias ou dignas de atenção. Isso poderia ter implicações significativas para a alocação de recursos, a formulação de políticas públicas e o direcionamento de pesquisas futuras.

A influência da mídia na definição da agenda científica poderia ser observada em diversos contextos, por exemplo: a cobertura intensiva de questões ambientais, como as mudanças climáticas, que poderia elevar a consciência pública e fomentar ações coletivas ou políticas voltadas para a sustentabilidade. Da mesma forma, a ênfase em determinadas doenças ou avanços médicos poderia direcionar a opinião pública e os investimentos para essas áreas específicas.

No entanto, essa influência também traz desafios. A tendência da mídia em priorizar histórias sensacionalistas ou controversas poderia levar a uma distorção na percepção pública da ciência, enfatizando descobertas espetaculares em detrimento de pesquisas fundamentais e progressos graduais. Além disso, a simplificação excessiva ou a falta de contextualização adequada, para atendimento à velocidade de produção de notícias, poderia resultar em mal-entendidos ou, até mesmo, desinformação.

Portanto, à luz dessa teoria, os divulgadores científicos e os meios de comunicação deveriam trabalhar juntos para garantir uma representação precisa e equilibrada da ciência na agenda pública. Isso envolveria a participação ativa dos divulgadores na formação de pautas, apresentando aos meios temas que possam ser negligenciados por interesses meramente comerciais. Ao fazer isso, os divulgadores estariam desempenhando um papel importante na promoção da literacia científica, estimulando o interesse público pela ciência e incentivando o acesso do público a questões científicas e tecnológicas que afetam a sociedade. Nesse caso, abre-se um campo de atuação para divulgadores não apenas com as instituições midiáticas, propondo programas e agendas, mas com os *gatekeeper* e *newsmaking*.

c) *Gatekeeper* e *Newsmaking*

As Teorias do *Gatekeeper* e do *Newsmaking* dizem respeito a dois conceitos distintos, embora relacionados. Ambas as teorias abordam aspectos do processo de produção e disseminação de notícias, mas cada uma delas enfoca diferentes etapas e agentes desse processo.

Teoria do *Gatekeeper*

A Teoria do *Gatekeeper* (Teoria do Porteiro ou Guardião da Porta) foi desenvolvida inicialmente por Kurt Lewin, um psicólogo social, na década de 1940, no artigo "Frontiers in group dynamics: ii. channels of group life; social planning and action research". Lewin introduziu o conceito de *gatekeeping* em um estudo sobre o comportamento alimentar, embora não tratasse especificamente de teoria da comunicação foi, posteriormente, aplicado a esse campo.

Mais tarde, o conceito de Lewin ganhou destaque com a publicação de "The 'Gate Keeper': a case study in the selection of news", de David Manning White, em 1950, agora no âmbito da comunicação, especialmente, do jornalismo. White realizou um estudo sobre o editor de um jornal diário, a quem chamou de "Mr. Gates", para entender como ele selecionava as notícias para publicação. A pesquisa de White revelou que a seleção de notícias era um processo subjetivo, baseado nas preferências pessoais e nos julgamentos do editor, o que destacou o papel dos *gatekeepers* na determinação do conteúdo que chega ao público.

Essa teoria enfatiza o papel dos indivíduos ou das organizações que atuam como filtros de informação. Esses *gatekeepers* seriam responsáveis por selecionar quais notícias serão divulgadas ao público e quais não. Tomam, portanto, decisões baseadas em critérios como: relevância, interesse público, valores noticiosos, recursos disponíveis e influências externas. Os *gatekeepers* tradicionais tendem a incluir jornalistas, editores e produtores de notícias. No entanto, com o advento da internet e das mídias sociais, o conceito de *gatekeeping* tem se expandido para incluir algoritmos de plataformas digitais e usuários que compartilham conteúdo *on-line*. A teoria destaca a importância desses atores na moldagem da agenda de notícias e na influência sobre a percepção e a opinião pública.

Ela pode ser aplicada à divulgação científica para entender como certas pesquisas ou descobertas ganham destaque na mídia e no discurso público. No contexto da divulgação científica, os *gatekeepers* podem incluir jornalistas especializados em ciência, editores de revistas e jornais, produtores de programas de televisão e rádio, curadores de conteúdo em plataformas digitais, e, até mesmo, cientistas e instituições de pesquisa que decidem quais informações divulgar.

Esses *gatekeepers* atuam na seleção das pesquisas científicas ou temas científicos que serão divulgados para o público por meio da mídia. Eles avaliam a relevância, o impacto potencial, a novidade e a confiabilidade das informações científicas, além de considerar o interesse do público e a compreensibilidade do conteúdo.

Quando uma nova descoberta é feita, como a detecção de nova doença ou a observação de um novo fenômeno astronômico, os *gatekeepers* da mídia científica avaliam a importância e o apelo dessa descoberta para decidir se, e como, ela será divulgada. Eles podem optar por destacar essa descoberta em matérias especiais, programas de televisão ou *podcasts*, com base em seu potencial para atrair a atenção do público e aumentar a compreensão da ciência.

Na medicina, os *gatekeepers* podem atuar, por exemplo, na divulgação de pesquisas sobre novos tratamentos, vacinas ou descobertas relacionadas a doenças. Por exemplo, durante a pandemia de COVID-19, editores de jornais e produtores de notícias selecionaram cuidadosamente quais estudos sobre o vírus e as vacinas seriam destacados, com base em sua validade científica, relevância para a saúde pública e interesse do público.

Com o aumento do uso das mídias sociais para a divulgação de informações científicas, os algoritmos dessas plataformas podem ser considerados como *gatekeepers* digitais. Eles determinam quais conteúdos científicos são promovidos ou destacados para os usuários, influenciando a visibilidade de certos tópicos ou pesquisas. Desse modo, um vídeo explicativo sobre mudanças climáticas pode ganhar ampla disseminação nas redes sociais se os algoritmos identificarem um alto engajamento do público com esse tema.

Em todos esses exemplos, os *gatekeepers* representam forças de moldagem da agenda de divulgação científica, influenciando quais informações científicas chegam ao público e como são apresentadas. Eles ajudam a determinar a percepção pública da ciência e a divulgação do conhecimento científico na sociedade.

A Teoria do *Gatekeeper* oferece uma compreensão aprofundada de como as notícias são filtradas e selecionadas antes de serem divulgadas ao público. Ao destacar o papel dos *gatekeepers*, ela ajuda a explicar porque certas informações chegam ao público, enquanto outras são excluídas.

Uma das principais contribuições acadêmicas dessa teoria é a sua capacidade de revelar os processos subjetivos e as influências externas que afetam a seleção de notícias. Isso inclui fatores como preferências pessoais, valores noticiosos, pressões políticas e econômicas, e a necessidade de atender às expectativas do público. Ao entender esses fatores, os divulgadores podem analisar como as notícias são moldadas e como isso influencia a percepção do público sobre diversos eventos e questões.

Além disso, ela tem sido aplicada a diversos contextos, incluindo a comunicação digital e as mídias digitais, em que os algoritmos atuam como novos *gatekeepers*. Isso amplia o escopo da teoria e a torna relevante para a compreensão dos desafios contemporâneos na disseminação de informações.

Teoria do *Newsmaking*

Como dito inicialmente, a Teoria do *Gatekeeper* está diretamente relacionada com a Teoria do *Newsmaking* (Teoria do Produtor de Notícias), que surgiu nos anos 1970 e foi desenvolvida por vários pesquisadores, dentre os quais destacam-se: Warren Breed, Gaye Tuchman, Mark Fishman e Herbert Gans. Esses estudiosos se concentraram em estudar o processo de produção de notícias, examinando como os jornalistas e as organizações de mídia constroem as notícias. Trata-se, assim, de uma segunda etapa em relação a *Gatekeeper*, pois enquanto ela se volta para o processo de seleção, a *Newsmaker* se volta para a produção. Para tanto, analisaram as rotinas jornalísticas, as normas profissionais, as pressões organizacionais e as interações entre jornalistas e fontes, destacando que as notícias são o resultado de um processo de construção social. A Teoria do *Newsmaking* é fruto dessas reflexões e ajudou a compreender como as notícias são criadas e como fatores internos e externos às redações, editorias e programas influenciam a produção do conteúdo midiático.

Ela enfatiza que as notícias não são simplesmente um reflexo da realidade, mas sim uma construção social moldada por diversos fatores, incluindo as rotinas jornalísticas, as normas profissionais, as pressões organizacionais e as expectativas do público. O *Newsmaking* envolve a seleção de eventos, a escolha de ângulos de abordagem, a elaboração de narrativas e a apresentação visual das notícias, bem como a compreensão de como as notícias podem influenciar a percepção das pessoas sobre o mundo.

Ela contribui para a divulgação científica, auxiliando o entendimento de como as notícias relacionadas à ciência são produzidas, construídas e apresentadas ao público. Essa teoria tem por premissa o entendimento de que as notícias não são meros reflexos da realidade, mas construções sociais influenciadas por diversos fatores, como rotinas midiáticas, normas profissionais e expectativas do público.

No contexto da divulgação científica, a Teoria do *Newsmaking* ajuda a analisar como as descobertas e as pesquisas científicas são transformadas em notícias. Reflete sobre a própria ação dos divulgadores especializados em ciência, e a implicação de suas escolhas em relação aos ângulos de abordagem e simplificações de conceitos complexos para torná-los acessíveis ao público não especializado.

Quando ocorre um eclipse solar ou lunar, e um divulgador está desenvolvendo uma atividade sobre o evento, ele poderá optar por destacar a importância científica do fenômeno, entrevistar astrônomos para explicar o evento em termos simples ou até mesmo criar infográficos para ilustrar como o eclipse ocorre. A escolha desses elementos é influenciada por seu objetivo racionalmente estabelecido em relação ao conteúdo escolhido, pelas rotinas de sua atividade, pela busca por tornar a notícia atraente e compreensível para o público, sempre enviesado pelo seu lugar de fala, seu alinhamento com esta ou aquela corrente de pensamento etc.

Já a ação de divulgação de um novo tratamento médico pode enfatizar o potencial impacto da descoberta na saúde pública, ou nos desafios enfrentados pelos pesquisadores durante o desenvolvimento ou, ainda, nas implicações éticas e sociais do tratamento. A forma como a notícia é construída e apresentada influencia a percepção do público sobre a importância e a confiabilidade da descoberta científica. É nesse sentido que a teoria contribui para a divulgação científica, estabelecendo um lugar de autorreflexão.

Podemos observar, portanto, nesses exemplos, que a Teoria do *Newsmaking* ajuda no processo de compreensão de como as informações científicas são transformadas em notícias. Ela mostra como os divulgadores de ciência desempenham um papel fundamental na construção de narrativas que tornam a ciência acessível e relevante para o público, contribuindo para a disseminação do conhecimento científico e a formação da opinião pública sobre questões científicas.

d) Teoria do Uso e Gratificações

A Teoria do Uso e Gratificações começou a ser esboçada na década de 1940, por Herta Herzog, no texto "What do we really know about daytime serial listeners?" (Klaus, 2016). Posteriormente, foi expandida por Elihu Katz, Jay Blumler e Michael Gurevitch (2003), na década de 1970, enfatizando o papel ativo do receptor na escolha e no uso da mídia, baseando-se em suas necessidades e desejos. Isso é particularmente relevante na divulgação científica moderna, para a qual o público não é apenas um receptor passivo, mas busca ativamente informações que atendam às suas necessidades específicas de conhecimento.

Katz e seus colaboradores (2003) partiram do pressuposto de que os indivíduos são agentes ativos que selecionam e utilizam os meios de comunicação com objetivos específicos. Esses objetivos estão relacionados às necessidades pessoais e sociais dos indivíduos, tais como:

- **entretenimento** — atender a diferentes interesses e preferências do público a fim de promover momentos de descontração, aliviar tensões do cotidiano, ou simplesmente para diversão e lazer (produções audiovisuais, leitura etc.);
- **informação** — viabilizar o acesso a conhecimentos gerais (noticiários, sites, vídeos educativos etc.);
- **identidade pessoal** — reforçar a autoimagem e identidade pessoal a partir de matrizes identitárias (reais ou fictícias) ou ideias apresentadas sobre modos de ser e estar no mundo;
- **integração social** — conectar pessoas e promover a sensação de pertencimento social (rádios comunitárias, redes sociais, comunidades virtuais, produção audiovisual de nicho social etc.).

Trata-se de uma abordagem teórica que busca entender, principalmente, como as pessoas utilizam os meios de comunicação para satisfazer suas necessidades e desejos. Essa teoria se destaca por enfatizar o papel ativo do público na escolha e no uso da mídia, em contraste com abordagens que enfatizam os efeitos dos meios, unidirecionalmente, sobre o público.

Ela é amplamente utilizada para entender o comportamento do público em relação a diferentes tipos de mídia, incluindo televisão, rádio, internet, redes sociais e outras. Também é útil para compreender as mudanças nos padrões de consumo de mídia e para o desenvolvimento de estratégias de comunicação e *marketing* que atendam às necessidades e desejos do público.

A Teoria do Uso e Gratificações pode ser uma ferramenta valiosa para aprimorar a divulgação científica, aplicada à análise sobre o comportamento do público. Ao entender porque as pessoas buscam informações científicas e como elas utilizam diferentes meios de comunicação, os divulgadores científicos podem adaptar seus conteúdos e estratégias de comunicação para atender às motivações e interesses do público. Isso inclui a personalização do conteúdo para satisfazer diferentes usos e gratificações, como a busca por informação, entretenimento ou a construção da identidade pessoal.

Além disso, ela pode orientar a escolha das plataformas de mídia mais adequadas para a divulgação científica, levando em consideração as preferências do seu público e as características de cada meio. Por exemplo, as redes sociais podem ser particularmente eficazes para alcançar um público jovem interessado em conteúdos científicos de forma rápida e interativa, mas não necessariamente o público idealizado está usando a plataforma escolhida para os fins que estão no horizonte de perspectivas do divulgador. Isso porque os usos do público estão em constante mudança, acompanhando tendências culturais e tecnológicas sempre em processo de modificação.

A compreensão das necessidades e dos desejos do público também permite o desenvolvimento de estratégias para aumentar o engajamento, como a criação de conteúdos interativos, a promoção de discussões *on-line* e a oferta de experiências imersivas. De modo complementar, ela pode ser utilizada para avaliar o impacto das atividades de divulgação científica, analisando se as necessidades e gratificações do público estão sendo atendidas. Algumas vezes a visão do divulgador é fruto de seu universo de expectativas, que pode não corresponder ao do público. Assim, um divulgador pode entender que a introdução de uma atividade interativa (por exemplo, um *quizz* pelo celular) em determinado momento de uma videoconferência possa ser uma boa gratificação para motivar o público, quando esse público desejaria mais ter um espaço de diálogo ampliado ou não se interessaria pelo uso de aplicativos paralelos à apresentação, o que poderia causar um efeito contrário ao desejado. A avaliação e a compreensão dos usos e das gratificações do público na divulgação científica colaboram para o planejamento e ajuste das estratégias de comunicação conforme necessário.

e) Teoria da Espiral do Silêncio

A Teoria da Espiral do Silêncio foi proposta por Elisabeth Noelle-Neumann, em seu artigo "The spiral of silence: a theory of public opinion", publicado em 1974, a partir de suas investigações sobre o processo eleitoral norte-americano, atentando para a influência dos processos de opinião pública no comportamento eleitoral.

Sua matriz se baseia no conceito de Acumulação, que já aparecia na Teoria do Agenciamento, e que diz respeito à onipresença da mídia como modificadora e formadora de opiniões no processo de construção da percepção da realidade. Todavia, para o Agenciamento, a mídia influenciaria a construção de uma percepção distorcida da realidade, enquanto para a abordagem da Espiral do Silêncio, o público participaria desse processo de distorção.

Na obra mais conhecida de Noelle-Neumann, *The spiral of silence: public opinion – our social skin* (1974), ela detalha essa teoria, apresenta evidências empíricas para sustentá-la e discute sua aplicabilidade em diferentes contextos culturais e políticos. Trata-se de uma abordagem que procura entender a formação e a evolução da opinião pública em sociedades. Essa teoria se baseia em alguns pressupostos-chave, dos quais o central é o medo do isolamento social. De acordo com Noelle-Neumann (1974), os indivíduos mantêm um temor inerente de serem excluídos ou marginalizados por seus pares, o que os leva a monitorar constantemente o ambiente social para identificar as tendências predominantes de opiniões e comportamentos.

Um conceito importante é o de *clima de opinião*, ou seja, a prontidão das pessoas para expressarem ou não sua opinião, por exemplo, numa situação de declaração de intenção de voto ou defesa de um argumento. Trata-se da noção de que as pessoas tentam avaliar continuamente quais pontos de vista são dominantes ou estão ganhando popularidade dentro de um grupo ou sociedade. Essa percepção influencia diretamente a disposição dos indivíduos para expressar suas próprias opiniões. Quando percebem que suas opiniões estão alinhadas com a da maioria ou que são ascendentes, tendem a gerar uma sensação de maior conforto para expressá-las publicamente. Por outro lado, quando suas opiniões parecem ser minoritárias ou em declínio, o medo do isolamento social pode levar o indivíduo ou grupo a se calar para evitar o ostracismo.

O processo descrito leva ao fenômeno conhecido como Espiral do Silêncio, que consiste no fato de que as opiniões que são percebidas como minoritárias tendem a tornar-se progressivamente menos visíveis, pois as pessoas evitam expressá-las, enquanto as opiniões majoritárias ganham maior proeminência e se tornam ainda mais dominantes. Isso cria uma dinâmica em que a visibilidade pública das ideias é desproporcional à sua real distribuição na sociedade.

Outro conceito importante dessa teoria é o de *sentido quase-estatístico*, que se refere ao senso intuitivo que as pessoas têm sobre a distribuição das opiniões na sociedade, definindo quais atitudes estão em alta entre o público em geral e quais estão em baixa. Esse senso seria formado por meio da observação direta de seu ambiente social e pela exposição à mídia, que desempenham um papel significativo na moldagem das percepções sobre o clima de opinião. O papel da mídia seria extremamente definidor nesse processo, como no caso dos chamados "votos úteis" em contextos eleitorais.

A teoria de Noelle-Neumann (1974) estabelece um paralelo com as ideias de Alexis de Tocqueville (2003), que argumentava que, à medida que os indivíduos se tornam mais semelhantes entre si, cada um se sente mais fraco em relação ao coletivo. Tocqueville destacava que os indivíduos questionam sua própria capacidade e começam a duvidar de seu próprio direito de ter opiniões divergentes.

Ele observou que uma pessoa pode facilmente se convencer de que está errada quando percebe que a maioria dos seus compatriotas discorda dela. Essa noção se alinha com a ideia da Espiral do Silêncio de Noelle-Neumann, na qual o medo do isolamento social leva as pessoas a se calarem ou a mudarem suas opiniões para se alinharem com a maioria percebida.

Vale destacar que já na década de 1950, o psicólogo Solomon Asch já rascunhava ideias alinhadas com o entendimento sobre a Espiral do Silêncio em suas pesquisas a respeito da conformidade. Ele descreve seus experimentos e discute os resultados, mostrando como a pressão do grupo pode levar os indivíduos a conformar-se às opiniões da maioria, mesmo quando essas opiniões são erradas. Para ele, as pessoas, em sua maioria, amoldam-se ao que pensam ser a tendência de pensamento da maioria que as rodeiam. O que Noelle-Neumann (1974) faz é ampliar o alcance dessa matriz de Asch para uma escala de sociedade de massa.

A Espiral do Silêncio se distingue das conclusões da Teoria do Agendamento, ao assumir que os indivíduos são influenciados por aquilo que os outros dizem e por aquilo que *imaginam* que os outros poderão dizer. Trata-se de uma abordagem que continua sendo relevante para estudar a dinâmica da opinião pública e o comportamento dos indivíduos em contextos coletivos, sendo amplamente debatida e aplicada em áreas como comunicação, ciência política e, inclusive, na divulgação científica.

A Teoria da Espiral do Silêncio oferece aos divulgadores científicos uma ferramenta valiosa para entender e melhorar a sua prática. Uma das primeiras aplicações da teoria pode ser na identificação de temas sensíveis ou controversos na ciência, compreendendo quais assuntos podem provocar hesitação ou silêncio. Munidos desse tipo de informação, os divulgadores podem desenvolver abordagens que incentivem o diálogo e a expressão de diferentes pontos de vista, muitas vezes se adiantando sobre questões e temas minoritários silenciados em seu público.

Para promover a diversidade de opiniões, é essencial que os divulgadores criem ambientes seguros e acolhedores, em que as pessoas se sintam à vontade para compartilhar suas perspectivas. Isso pode ser alcançado por meio de debates equilibrados e da inclusão de vozes que frequentemente são marginalizadas nas discussões científicas, muitas vezes pela pressão exercida pelo interesse e pela perspectiva dominante. Ao ampliar os espaços de exposição de opinião, o divulgador estimulará o engajamento de comunidades sub-representadas contribuindo para que haja pluralidade de vozes sendo ouvidas na discussão científica. Ao fazer esforços direcionados para incluir esses grupos, os divulgadores promovem equidade e inclusão na ciência.

Além disso, a luta contra a desinformação é um campo em que a Teoria da Espiral do Silêncio se mostra particularmente relevante. Ao desafiar ativamente as narrativas dominantes dando espaço de voz, evita-se a instalação do silêncio e promove-se a divulgação de informações, combatendo a tendência de as pessoas se calarem diante de informações incorretas ou enganosas.

O monitoramento do clima de opinião é outra estratégia importante. Por meio de pesquisas e análises de mídia social, por exemplo, os divulgadores podem acompanhar as mudanças nas atitudes públicas e ajustar suas estratégias de comunicação para abordar as preocupações e os interesses emergentes do público.

Por fim, a adaptação à mídia digital na era atual pode ser vista na divulgação científica como oportunidade de estabelecer pontos de enunciação em um amplo horizonte científico para além das questões centrais à Agenda, contribuindo para uma formação da opinião pública mais rica em fontes e áreas de abrangência.

f) Teoria do Cultivo

A Teoria do Cultivo é uma abordagem que foi desenvolvida, na década de 1960, pelo pesquisador George Gerbner. Ela compreende os efeitos a longo prazo da televisão sobre percepções e crenças dos espectadores.

O desenvolvimento e amadurecimento da Teoria do Cultivo foram marcados por artigos influentes como "Living with Television: The Violence Profile" (1976) de George Gerbner e Larry Gross, que discutem a relação entre a exposição à televisão e as percepções de violência na sociedade; e o artigo "Growing Up with Television: Cultivation Processes" (1986), de Gerbner e colaboradores, que fornece uma visão abrangente dos processos de cultivo e discute a influência da televisão no desenvolvimento de valores, atitudes e percepções ao longo do tempo. Essas obras são fundamentais para compreender a evolução da Teoria do Cultivo e sua aplicação na análise dos efeitos da televisão e, posteriormente, de outras formas de mídia nas percepções e nas crenças dos indivíduos.

Segundo essa teoria, a exposição prolongada e constante à televisão levaria as pessoas a cultivarem uma visão do mundo que refletiria as mensagens e os valores transmitidos por esse meio. Isso ocorreria porque a televisão apresenta uma visão relativamente consistente e homogênea da realidade, reforçada pela repetição de temas, valores e estereótipos, como a representação exagerada de violência e a idealização de estilos de vida.

A Teoria do Cultivo parte do pressuposto de que a mídia teria a capacidade de estabilizar e homogeneizar as visões da sociedade, por exemplo, crianças que assistem à televisão comercial continuamente teriam visões significativamente mais estereotipadas sobre gênero em relação a mulheres e homens do que aquelas que não assistem à televisão comercial. Durante a fase inicial de pesquisa, havia um interesse particular no possível impacto da exposição à violência nos espectadores de programas de televisão, todavia, posteriormente, a abordagem passou a gerar novas e importantes contribuições, como para o Projeto de Indicadores Culturais, que foi um estudo de pesquisa encomendado pela Comissão Nacional de Violência.

Além da análise de cultivo, que examinou como a mídia moldou a percepção de realidade de seus consumidores, o Projeto de Indicadores Culturais também analisou duas outras esferas: a análise do processo institucional, que examinou a formulação e a distribuição de mensagens da mídia; e a análise do sistema de mensagens, que explorou o conteúdo agregado das mensagens da mídia.

A Teoria do Cultivo é uma abordagem importante para entender o papel da mídia na formação das percepções sociais. No entanto, é importante reconhecer que a teoria apresenta limitações. Por exemplo, ela tende a enfatizar os efeitos homogeneizadores da mídia, mas pode subestimar a diversidade de interpretações e respostas dos espectadores a diferentes conteúdos. Além disso, com o surgimento de novas formas de mídia, como a internet e as mídias sociais, o cenário midiático tornou-se mais fragmentado e complexo, representando um desafio para algumas das premissas da Teoria do Cultivo fortemente orientadas para a noção de meio de comunicação de massa.

Entretanto, em relação às suas formulações iniciais, ela não permaneceu inalterada. À medida que o interesse acadêmico na teoria se expandiu, novas dimensões conceituais foram incorporadas para proporcionar uma compreensão mais profunda da influência da mídia na conformação das percepções públicas. A Teoria do Cultivo destaca que o grau de influência da mídia pode variar de acordo com fatores como idade, gênero e status socioeconômico dos espectadores. Nesse sentido, introduz os conceitos de *mainstreaming* e *ressonância* para explicar como a televisão pode homogeneizar as percepções entre grupos diversos e ampliar o efeito do cultivo quando as experiências de vida dos espectadores se alinham com as mensagens veiculadas.

O princípio do *mainstreaming* postula que os espectadores assíduos de televisão, independentemente de suas características demográficas — tais como idade, gênero, classe social ou etnia — tendem a convergir em suas crenças acerca da realidade social. Tal fenômeno sugeriria que, apesar das divergências iniciais nas visões de mundo desses grupos, a exposição contínua às narrativas midiáticas promoveria a adoção de perspectivas que espelham as mensagens veiculadas pela mídia.

Por outro lado, o conceito de *ressonância* aborda a intensificação do impacto de uma mensagem midiática quando há congruência com as experiências vivenciais do indivíduo. A título ilustrativo, uma pessoa que tenha vivenciado diretamente um ato de violência criminal perceberá as representações televisivas de criminalidade de maneira particularmente marcante, reforçando a crença cultivada de que o mundo é inerentemente violento. Pesquisas conduzidas tanto por Gerbner quanto por outros estudiosos forneceram evidências empíricas que sustentaram a descrição desse efeito.

Os conceitos de *mainstreaming* e *ressonância* enriquecem a Teoria do Cultivo ao elucidar as sutilezas de como as mensagens midiáticas são assimiladas e reverberam entre diferentes segmentos da população e em contextos de vida específicos.

A aplicação da Teoria do Cultivo ao campo da divulgação científica oferece uma perspectiva valiosa para a compreensão de como as representações midiáticas da ciência influenciam as percepções públicas sobre o tema. Essa teoria, originalmente concebida para analisar os efeitos da televisão na formação das crenças sociais, foi adaptada para explorar a maneira como a mídia, de forma mais ampla, molda as atitudes e o entendimento do público em relação à ciência.

Um aspecto positivo dessa aplicação é a capacidade de identificar e analisar o *mainstreaming* no contexto da divulgação científica. Isso implica que, à medida que as pessoas são expostas de forma consistente a informações científicas na mídia, suas percepções sobre questões científicas tenderiam a convergir, independentemente de suas diferenças demográficas ou culturais. Esse fenômeno poderia ser benéfico na medida em que promove uma base comum de conhecimento e entendimento sobre questões científicas importantes, como mudanças climáticas, saúde pública e tecnologia.

No entanto, a Teoria do Cultivo também sugere possíveis aspectos negativos. Por exemplo, a *ressonância* pode ocorrer quando a representação midiática da ciência ressoa de forma mais profunda com as experiências pessoais de alguns indivíduos do que com outras. Isso leva à percepção distorcida da realidade científica, em que as pessoas acreditam que certos fenômenos ou riscos são mais prevalentes ou sérios do que realmente são, baseando-se em sua exposição à mídia.

Além disso, a mídia pode, em alguns casos, apresentar uma visão sensacionalista ou distorcida da ciência, priorizando histórias dramáticas ou controversas em detrimento de uma representação precisa e equilibrada. Esse tipo de cobertura cultiva percepções equivocadas sobre a natureza da ciência, seu processo e suas descobertas, levando a um entendimento público distorcido e, possivelmente, a uma desconfiança na ciência e nos cientistas.

Portanto, ao aplicar a Teoria do Cultivo ao campo da divulgação científica, é importante considerar tanto os aspectos positivos quanto os negativos. Isso envolve reconhecer o potencial da mídia para unificar o entendimento público sobre questões científicas, ao mesmo tempo em que o mantém atento às distorções e simplificações excessivas que podem comprometer a compreensão pública da ciência.

g) Teoria da Cauda Longa

A Teoria da Cauda Longa foi desenvolvida por Chris Anderson, no artigo "The Long Tail" (2004), e, posteriormente, expandida no livro *The Long Tail: Why the Future of Business is Selling Less of More* (2006). Ela se baseia na observação de que a distribuição de produtos em muitos mercados não segue a regra tradicional da curva de demanda, na qual poucos produtos populares dominam as vendas. Ao contrário, oferece uma perspectiva inovadora sobre os padrões de consumo e distribuição de produtos em mercados digitais, especialmente aplicável ao contexto das mídias.

O primeiro aspecto trabalhado por Anderson (2004) diz respeito à noção de Distribuição de Poder. Para sua teoria, a "regra dos 80/20" (ou a Lei de Pareto), segundo a qual 80% das vendas são geradas por 20% dos produtos não se aplicaria ao universo das mídias digitais. Anderson (2004) argumenta que, em mercados digitais, uma grande quantidade de produtos de nicho na "cauda longa" da distribuição pode, coletivamente, rivalizar ou até superar as vendas dos produtos mais populares (Figura 2.9).

Figura 2.9 – Gráfico da distribuição da popularidade e da diversidade de produtos

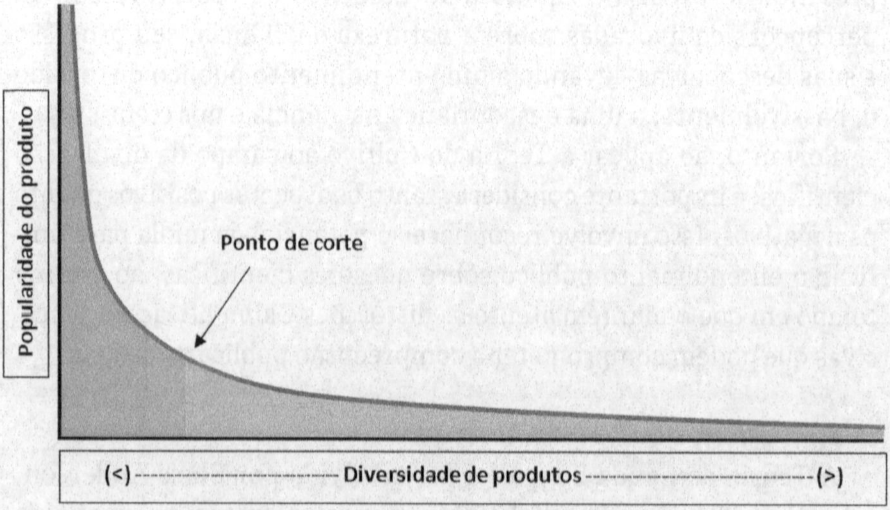

Fonte: Elaborada pelos autores, 2024.

No gráfico, à esquerda (cinza escuro), está a popularidade de um grupo de produtos, com poucos produtos dominando e apresentando alto consumo; à direta (cinza claro) está a "cauda longa" dos produtos de nicho, que embora não liderem ou dominem o consumo do grande público, estão sendo consumidos constantemente por seu nicho, produzindo coletivamente um universo de grande penetração. Nesse exemplo, o ponto de corte entre produtos de grande atração e produtos de nicho foi escolhido de modo que as áreas de ambas as regiões fossem iguais.

Outro exemplo do funcionamento da Teoria da Cauda Longa na divulgação científica pode ser observado no contexto de plataformas de publicação *on-line* e redes sociais. Tomemos por base uma plataforma de divulgação que permitisse a pesquisadores, cientistas e entusiastas da ciência publicarem conteúdo sobre uma ampla gama de tópicos. Nesse cenário, os temas mais populares, como mudanças climáticas ou avanços na medicina, representariam a "cabeça" da curva de distribuição, atraindo um grande público, gerando compartilhamentos e engajamento.

No entanto, a plataforma também poderia hospedar grande quantidade de conteúdo de nicho, como estudos específicos sobre espécies raras de insetos ou pesquisas em áreas menos conhecidas da física teórica. Esses tópicos, embora possam ter um público menor, gerando menos visualizações, formariam a "cauda longa" da distribuição do conteúdo da plataforma. Graças à internet e às ferramentas de busca e recomendação, esses artigos de nicho poderiam alcançar leitores interessados em todo o mundo, proporcionando uma visibilidade constante que seria difícil de alcançar em meios de comunicação tradicionais.

A soma do interesse por todos esses tópicos de nicho pode ser significativa, contribuindo até mesmo para a diversidade do conteúdo científico disponível, promovendo a inclusão de uma variedade de áreas de pesquisa. Além disso, as interações dos leitores com esse conteúdo, como comentários e compartilhamentos, poderiam estimular discussões e colaborações, ampliando o impacto da divulgação científica.

A Teoria da Cauda Longa, portanto, destaca como as mídias digitais têm o poder de ampliar o alcance de tópicos de pesquisa especializados, permitindo que uma variedade de conteúdo científico encontre seu público específico e contribua para o enriquecimento do conhecimento coletivo.

Outro aspecto analisado por Anderson (2004) trata dos custos de armazenamento e distribuição de produtos. A redução significativa dos custos de armazenamento e distribuição em ambientes digitais permite que uma ampla gama de produtos seja disponibilizada para um público global, viabilizando a continuidade dos processos em relação a modelos não digitais. Assim, enquanto a produção de cartilhas impressas, livros, jogos e outros impunham aos divulgadores uma área grande para armazenagem, raramente disponível, o ciberespaço viabiliza a produção de apenas uma cópia que será baixada inúmeras vezes e distribuída sem custos de frete e sem barreiras geográficas.

A clareza no entendimento do nicho auxilia ainda o processo de filtragem e recomendação, pois a capacidade de filtrar e recomendar produtos de forma eficaz faz parte das dinâmicas de comunidades de nicho, conectando públicos a produtos de nicho que atendam aos seus interesses específicos.

Plataformas de *streaming* como Netflix, Spotify e Amazon Prime Video utilizam a lógica da cauda longa para oferecer uma vasta seleção de filmes, séries, músicas e livros, atendendo a uma ampla gama de preferências e interesses, dentre os quais séries e documentários relacionados com ciências. Atuam, assim, como braços para a popularização da ciência. Isso contrasta com os principais modelos de mídia tradicionais, cuja programação era limitada aos gostos da maioria.

Nesse sentido, a cauda longa promoveria a democratização do acesso a conteúdo diverso, permitindo que vozes e perspectivas marginalizadas ganhem visibilidade. Os consumidores passam a explorar conteúdos fora do *mainstream*, ampliando seus horizontes culturais e estimulando a diversidade de conteúdo. Ela oferece, portanto, uma lente valiosa para entender as transformações nas indústrias de mídia na era digital e seu impacto na divulgação científica, destacando a importância de atender a nichos de mercado e a capacidade de personalização como fatores críticos para que divulgadores possam se estabelecer em ambientes digitais, quer seja individualmente, quer institucionalmente.

Embora autores como Pierre-Jean Benghozi e Françoise Benhamou (2010) façam ressalvas à amplitude que Anderson enxerga na aplicabilidade de sua teoria, ela tem encontrado eco em variados campos de aplicação, comprovando o entendimento de Anderson argumenta de que, com o advento da internet e das tecnologias digitais, a demanda por produtos se estende além dos itens mais vendidos, formando uma "cauda longa" de produtos de nicho que, coletivamente, podem representar uma parcela significativa do mercado. Essa percepção abre ricos caminhos para pensar o posicionamento dos divulgadores científicos e seus projetos.

A evolução das teorias da comunicação oferece um panorama valioso para entender como a divulgação científica se desenvolveu e continua a se adaptar a cenários e pensamentos de época que atravessam o elemento *sine qua non* para se fazer a divulgação: a mídia. Desde as reflexões sobre a influência direta dos meios de comunicação de massa até o papel ativo e descentralizado do público na era digital, a divulgação científica está envolta por matrizes teóricas, que reforçam sua natureza como campo dinâmico, refletindo as mudanças contínuas nas teorias e nas práticas de comunicação. Fizemos, aqui, um breve apanhado de algumas das principais teorias da comunicação e sua convergência com o campo da divulgação científica. Tecer um panorâmica impõe seleção e escolhas no sentido de inclusão e exclusão. Entretanto, essa seleção nos permite um primeiro contato à medida que avançamos na busca por entendimento dos dispositivos teóricos essenciais para os divulgadores científicos entenderem melhor o paradigma do público, mas sobretudo, de sua própria prática.

PARTE III

ASPECTOS POLÍTICOS E SOCIAIS

3. POLÍTICA DA DIVULGAÇÃO CIENTÍFICA

Na atualidade, uma série de questões políticas atravessam a divulgação científica, abrangendo temas e desafios que refletem a crescente importância de comunicar eficazmente a ciência ao público. Ao mesmo tempo, atingir esse objetivo passa por cenários políticos variados, que tocam desde a política institucionalizada à micropolítica.

A divulgação científica pode desempenhar importante papel na moldagem de políticas institucionais, servindo como elo entre a pesquisa científica e a tomada de decisão política informada, além de fomentar uma cultura de transparência e engajamento público. Ao tornar os resultados da pesquisa amplamente acessíveis, as instituições podem fundamentar suas políticas em uma sólida base de evidências, promovendo decisões que refletem um entendimento claro dos desafios científicos e tecnológicos atuais. Esse compromisso com a informação baseada em evidências contribui para a formulação de políticas públicas eficazes e para a participação cidadã nos debates políticos.

Ao facilitar o acesso ao conhecimento científico, o compromisso democrático é reforçado, permitindo que os cidadãos estejam instrumentalizados para participar de maneira informada em relação aos discursos públicos e decisões políticas. Esse envolvimento informado é fundamental para a manutenção de uma sociedade que valoriza a transparência, a responsabilidade e a inclusão. Ao ampliar o acesso à informação, a divulgação científica pode auxiliar na promoção de uma cidadania ativa e consciente, apta para o enfrentamento de desafios sociais complexos.

Há no investimento em divulgação científica um compromisso ético com a igualdade de acesso à informação, reconhecendo o conhecimento como um bem comum que deve ser compartilhado para o benefício de todos. Trata-se de promover a justiça social e semear oportunidades para que os avanços científicos e tecnológicos sejam acessíveis a uma ampla gama de pessoas, independentemente de sua localização geográfica ou status socioeconômico. Ao mesmo tempo, estimula a inovação e a competitividade sadia ao encorajar a troca de ideias e a colaboração interdisciplinar, elementos importantes para a resolução de problemas globais e para o impulsionamento do desenvolvimento sustentável.

Desse modo, a integração da divulgação científica nas políticas institucionais reflete um compromisso com a governança responsável e a promoção de uma sociedade bem-informada. Esse esforço melhora a qualidade da educação e da pesquisa e fortalece o tecido da sociedade ao garantir que o conhecimento científico seja um recurso acessível e utilizável por todos.

Os caminhos são inumeráveis para pensar a imbricação entre divulgação científica e aspectos políticos. Por isso, agrupamos em oito categorias, alguns dos tópicos que ocupam especial relevo na contemporaneidade, a saber: a) acesso aberto e democratização do conhecimento; b) comunicação científica nas redes sociais; c) educação e literacia científica; d) ética e responsabilidade na comunicação científica; e) impacto de situações de calamidade pública para a divulgação científica; f) interdisciplinaridade e transdisciplinaridade; g) financiamento e apoio institucional para a divulgação científica; e h) pesquisa relacionada.

3.1 Acesso aberto e democratização do conhecimento

Movimentos em direção ao acesso aberto têm ganhado força, com debates sobre como tornar os resultados da pesquisa científica livremente acessíveis ao público, superando barreiras financeiras e institucionais.

O acesso aberto (*Open Access*) emergiu, há algumas décadas, como pilar fundamental na democratização do conhecimento, refletindo uma transição paradigmática na forma como a informação científica é disseminada e acessada. Essa evolução se dá tanto na dimensão técnica quanto de maneira mais profundamente enraizada em princípios de justiça social, equidade e responsabilidade pública. À medida que a ciência se posiciona como um bem comum, a existência de políticas públicas que promovam o acesso aberto torna-se imperativa, desafiando tanto estruturas tradicionais de publicação quanto práticas institucionais.

A premissa do acesso aberto é simples, mas revolucionária: garantir que os resultados da pesquisa científica sejam acessíveis a todos, sem barreiras financeiras ou legais. Subjacente a isso, está uma crítica à hegemonia dos modelos de assinatura em publicações científicas, em que o conhecimento é frequentemente trancado atrás de *paywalls* de elevado valor, limitando o acesso àqueles fora de instituições acadêmicas privilegiadas. Em contraste, o acesso aberto promete uma sociedade informada, em que cientistas, educadores, estudantes e o público em geral podem acessar livremente as descobertas científicas.

A literatura recente no campo do acesso aberto é extensa e multifacetada, abordando desde questões éticas até implicações econômicas. Em seu estudo seminal, Peter Suber (2012) oferece uma visão abrangente sobre o acesso aberto, destacando-o como um movimento ético e pragmático para maximizar o alcance e a eficácia da pesquisa científica. A argumentação de Suber ressoa com a necessidade de uma reforma sistêmica nas práticas de publicação, uma que reconheça o conhecimento como recurso comum, não produto comercial.

Da perspectiva das políticas públicas, o acesso aberto é um campo fértil para a intervenção estatal, com o potencial de alavancar a inovação, promover a inclusão social e fortalecer a democracia. Políticas de acesso aberto podem servir como catalisadores para o desenvolvimento sustentável, conforme articulado nos Objetivos de Desenvolvimento Sustentável (ODS) das Nações Unidas. Esse alinhamento é discutido por Jonathan Tennant e colaboradores (2016), que examinam como as práticas de acesso aberto podem contribuir para uma ciência mais colaborativa e inclusiva, apoiando os objetivos globais de equidade e acesso à informação.

No entanto, a transição para o acesso aberto não é isenta de desafios. Questões de sustentabilidade financeira, qualidade acadêmica e integridade científica são prementes. O modelo de *Article Processing Charges* (APC), por exemplo, apresenta um paradoxo, no qual o custo da publicação é transferido para os autores, potencialmente criando novas barreiras à publicação para pesquisadores de instituições com menos recursos. Esse dilema foi analisado por Stuart Lawson e colaboradores (2016), que questionam a equidade do modelo de APC e exploraram alternativas para uma economia de publicação mais justa, destacando a necessidade de transparência nos fluxos financeiros das publicações acadêmicas.

Além disso, a responsabilidade social da ciência evoca uma reflexão sobre a qualidade e o impacto da pesquisa disponibilizada. O compromisso com a veracidade e a relevância científica deve permanecer no coração do movimento de acesso aberto, assegurando que a democratização do conhecimento não comprometa a integridade da pesquisa. Esse é um ponto de discussão crítico levantado por Martin Paul Eve (2014), que enfatiza a importância de padrões rigorosos de revisão por pares e governança acadêmica no contexto do acesso aberto. Eve (2014) defende o acesso aberto como um imperativo ético, destacando sua importância para a disseminação e o impacto do trabalho acadêmico.

A discussão é atravessada por numerosas camadas de interesses político-econômicos. No que tange à divulgação científica, é fundamental, se considerarmos que a ação do divulgador está intimamente relacionada com o acesso às fontes.

Trata-se de um imperativo ético e estratégico para a divulgação científica, representando também um passo em direção ao engajamento dos seus agentes na luta pela democratização do conhecimento. No entanto, sua implementação bem-sucedida requer políticas públicas inovadoras, sustentabilidade financeira e um compromisso inabalável com a qualidade da pesquisa. À medida que avançamos, o diálogo entre acadêmicos, legisladores, editores e o público em geral será crucial para moldar um futuro no qual o conhecimento seja livremente acessível a todos, em benefício do bem comum.

3.2 Políticas de comunicação e divulgação científicas nas redes sociais

O uso das redes sociais para a divulgação científica se destaca como um método contemporâneo na propagação do conhecimento científico, em meio à crescente digitalização global. Essas plataformas de alta penetração abrem portas para uma comunicação rápida e interativa, permitindo que descobertas e perspectivas científicas sejam compartilhadas com uma audiência vasta e variada, que transcende as barreiras tradicionais de acesso ao conhecimento científico. A capacidade de alcançar milhões ao redor do globo em tempo real eleva significativamente a conscientização e o interesse público pela ciência, criando um diálogo mais inclusivo e diversificado sobre temas científicos. Obviamente, o alcance global prevalece para conteúdos em língua inglesa, mas mesmo línguas de outras nações se beneficiam com a transposição de fronteiras ao encontro de outras falantes, nativos ou não.

A interação direta disponibilizada pelas redes sociais facilita a troca entre cientistas ou divulgadores e o público geral, possibilitando o esclarecimento imediato de dúvidas e a promoção de um debate saudável. Além disso, a natureza econômica flexível dessas plataformas as torna acessíveis para pesquisadores e instituições que operam com orçamentos limitados para divulgação, ao mesmo tempo que oferecem um potencial educativo inestimável, simplificando conceitos complexos por meio de linguagem acessível e recursos visuais atraentes.

Entretanto, a divulgação científica nas redes sociais não está livre de desafios. A propagação de desinformação, a simplificação excessiva de dados científicos e a criação de câmaras de eco que reforçam preconceitos existentes ameaçam a integridade e a eficácia da comunicação científica. A falsa equivalência entre opiniões embasadas cientificamente e teorias sem fundamentação pode confundir o público e erodir a confiança na ciência. Além disso, a dificuldade em discernir fontes confiáveis de informações duvidosas coloca em risco a credibilidade da ciência nas plataformas sociais.

Para enfrentar esses obstáculos, tem crescido as demandas por posicionamentos governamentais que coíbam a indústria de *fake news* e os processos agnotológicos. A dimensão política da proliferação de *fake news* e da indústria da produção de inverdades é profundamente significativa, refletindo nas dinâmicas de poder e de influência dentro das sociedades, também na própria essência da democracia. A disseminação intencional de desinformação visa manipular a opinião pública, distorcer debates políticos e, em última instância, influenciar resultados eleitorais, minando a confiança nas instituições e na mídia tradicional. Esse fenômeno é amplificado pelas redes sociais, cujos algoritmos favorecem a viralização de conteúdo sensacionalista, independentemente de sua veracidade. Como apontado por Hunt Allcott e Matthew Gentzkow (2017), em estudo sobre as redes sociais e a disseminação de *fake news* durante a eleição presidencial dos Estados Unidos, em 2016, a capacidade de notícias falsas de influenciar a opinião pública é uma ameaça direta à integridade do processo democrático.

Joshua Tucker e colaboradores (2018) destacam como operações de desinformação e campanhas de influência estrangeira polarizam comunidades, explorando divisões sociais e políticas existentes para enfraquecer a coesão social. Portanto, a luta contra a desinformação é um desafio técnico ou regulatório e uma questão de reforçar os valores democráticos, promovendo políticas de educação midiática mais robustas.

É imperativo adotar políticas de comunicação científica que promovam e protejam a precisão, a clareza e a confiabilidade, bem como que coíbam a indústria da desinformação. Nesse sentido, a divulgação científica pode ser encarada como campo e prática de discussão que leva para esses caminhos. Isso a coloca também como área de mobilização de esforços colaborativos, como em plataformas de mídia social, para enfatizar conteúdos científicos verificados. Ela auxilia, ainda, na promoção da educação científica e midiática, capacitando o público para avaliar criticamente as informações encontradas *on-line*.

As redes sociais, apesar dos desafios que apresentam, dispõem do potencial de transformar a divulgação científica, promovendo um engajamento público mais informado, próximo e entusiasmado com a ciência. Ademais, a utilização das redes sociais na divulgação científica introduz novas dimensões do tecido social, viabilizando a abordagem de temas de nicho ou de grupos sociais específicos.

O alcance desses grupos viabiliza a apropriação do conhecimento científico por eles, transformando esse conhecimento em ação política. Nesse sentido, a divulgação científica pode ser vista também como meio de exercício de poderes cotidianos e interpessoais, enfatizando as maneiras sutis e dispersas pelas quais o poder é operacionalizado dentro das instituições, relações sociais e práticas cotidianas. Portanto, trata-se de percebê-la também como prática relacionada com a micropolítica, na perspectiva de Michel Foucault.

Foucault (2021) desloca a análise do poder das estruturas macroscópicas e formais, como o Estado, para as práticas e relações cotidianas, evidenciando como o poder permeia a vida social em múltiplos níveis. Ao afirmar que a divulgação científica pode ser compreendida também como instância micropolítica, estamos trabalhando com a concepção de que informar é formar, de que letrar é instrumentalizar para o debate e para a construção de conhecimento crítica.

O poder, nesse sentido, não é apenas aquele legitimado por instâncias institucionais, partidárias etc., mas a força que perpassa as práticas cotidianas, atravessando normas, saberes e discursos, que influenciam a construção de identidades, comportamentos e possibilidades de resistência dos indivíduos. Nesse sentido, divulgar ciência é exercer poder e instrumentalizar o não especialista para que o faça a partir do entendimento de um espectro de informações que auxiliem a população a escolher seus posicionamentos a partir de uma melhor compreensão dos fenômenos que o circundam.

O papel de "tradutor" desempenhado pelo divulgador vai além de uma prática de linguagem, pois ela serve simultaneamente para traduzir saberes, perspectivas sobre o mundo e para o empoderamento dos grupos sociais a quem se dirige. Podem, por conseguinte, representar forças que auxiliarão na tomada de decisão perante a esfera política. Como micropolítica, envolve técnicas e estratégias por meio das quais o poder é exercido em contextos aparentemente triviais, que muitas vezes não são percebidas conscientemente pelo próprio divulgador. Sua fala/tradução sempre será eivada de sentidos, posições ideológicas, perspectivas teóricas, crenças, independentemente de sua vontade.

Perceber-se agente político faz com que o divulgador precise ser atento ao que fala, como fala, para quem fala e com que fim fala. Todo ato de tradução é um ato de criação, e ao recriar o texto original, seja qual for o seu formato, o divulgador estará fazendo escolhas de o que dirá e o que não dirá, criando inevitáveis enviesamentos e alinhamentos político-ideológicos, que poderão se posicionar pela manutenção ou em desafio às relações de poder existentes.

Vista desse modo, fica patente que a divulgação possui uma forte dimensão política, que também é um campo de democratização do acesso ao conhecimento científico, que habilita indivíduos de diferentes contextos socioeconômicos e culturais, proporcionando-lhes a oportunidade de participar de discussões científicas. Essa inclusão estimula um interesse mais amplo na ciência, encorajando uma nova geração de cientistas, educadores e entusiastas da ciência ou estabelecendo balizas para o pensar político a partir de evidências.

As redes sociais, como meio de divulgação, apresentam grande potencial para transformar o público em participantes ativos da ciência. Iniciativas como a Ciência Cidadã, em que não cientistas contribuem para a coleta de dados e outras formas de pesquisa científica, são amplificadas pelas redes sociais. Essa abordagem enriquece a pesquisa com vastas quantidades de dados, aumenta o letramento científico e o senso de posse sobre os avanços científicos entre o público geral.

Por outro lado, a própria integração da divulgação científica nas redes sociais requer uma reflexão crítica sobre a ética dos processos comunicativos *on-line*. Questões como a privacidade dos dados, o consentimento informado e a responsabilidade dos divulgadores e das instituições atuantes no compartilhar informações exigem diretrizes claras e uma conduta responsável, conforme a Lei Geral de Proteção de Dados Pessoais (LGPD). O desenvolvimento de políticas e práticas éticas para a divulgação em redes sociais ajuda a manter a integridade do processo de divulgação e a confiança do público.

Enquanto as redes sociais abrem novas avenidas para a interação com o grande público, elas também introduzem complexidades que exigem uma abordagem cuidadosa e reflexiva. A superação dos desafios associados à desinformação e à divulgação eficaz de conceitos complexos, junto com a navegação por questões éticas emergentes, são pontos urgentes para maximizar o potencial dessas plataformas como veículos de divulgação do conhecimento científico. Com estratégias apropriadas e um compromisso com a precisão e a ética, as redes sociais podem desempenhar um papel fundamental na promoção de uma sociedade mais informada, engajada e capacitada cientificamente.

A capacidade de comunicar ciência de forma eficaz é especialmente importante em momentos de crise, em que a disseminação de informações precisas e confiáveis pode ter um impacto direto na saúde e na segurança públicas. Instituições que priorizam a divulgação científica estão, portanto, mais bem posicionadas para liderar respostas a emergências, construindo resiliência e facilitando uma recuperação social mais rápida e eficaz. Em tais momentos, os sistemas de comunicação midiática buscam vorazmente esclarecimentos, posicionamentos, orientações. Trata-se do momento propício para que interesses inescrupulosos de variados grupos se aproveitem da abertura midiática para a escuta e comecem a articular vozes que atendem a interesses específicos que independem da crise em si. Cabe ao divulgador estar atento a tais momentos não apenas como uma oportunidade de exercer sua prática, mas como momento de agir politicamente, ou seja, como agente capaz de contribuir para a construção de uma arena ética, confiável e que ajude a propagação cidadã da informação.

Nesse contexto, a interdisciplinaridade e a transdisciplinaridade emergem como ferramentas para aprimorar a eficácia da divulgação científica. Ao promover a colaboração entre diferentes disciplinas, é possível abordar questões complexas de forma mais holística, reconhecendo a importância de integrar conhecimentos de diversas áreas. Essa abordagem multidisciplinar conjuga as variadas funções da divulgação, unindo fatores informacionais, políticos, inclusivos e outros.

Assim, a união de esforços entre especialistas de diferentes campos torna-se estratégia essencial para construir uma divulgação científica robusta, transparente e inclusiva, capaz de enfrentar os desafios impostos por crises e de fomentar uma sociedade mais informada e preparada para lidar com as incertezas do futuro.

3.3 Divulgação científica e movimentos sociais

Divulgar ciência não é apenas disponibilizar informações para o público não especialista. Cada vez mais é necessária a mobilização de cientistas para o engajamento público e para a compreensão da ciência. É importante envolver os cientistas em atividades de engajamento público, estimulá-los a explorar os fatores que influenciam sua participação nessas atividades e, para isso, a transparência dos efeitos da divulgação podem ser um bom passo, uma forma de *feedback*. Trata-se de perceber que a própria divulgação científica pode ser mais do que uma ponte entre saberes especialistas e não especialistas; pode constituir-se como movimentos sociais que mobilizem cientistas para a construção dessas pontes, dos processos de atualização de sua responsabilidade social.

No Brasil, políticas de órgão de fomento tem cada vez mais destacado essa função da divulgação como condição para a concessão de apoios financeiros. Entretanto, a ação de cima para baixo muitas vezes resulta em um cenário deficitário, em ações de divulgação pró-forma, delegadas a parceiros ou colaboradores dos cientistas, mas não necessariamente envolvendo diretamente os cientistas na divulgação. Assim, a divulgação entra como um elemento acessório e não como parte integrante. Algumas vezes, essas ações culminam em gastos para pouco ou insignificante alcance. Se, por um lado, os cientistas cumprem o requisito que lhes foi atribuído, por outro, desperdiçam tempo e recursos na execução de atividades para as quais não estão devidamente capacitados ou não estão, eles mesmos, engajados. Assim, a imposição da divulgação científica de cima para baixo falha, muitas vezes, em termos de eficiência e eficácia. Uma possível solução seria engajar os cientistas para atuar na divulgação como ator de um movimento social.

Conhecer as boas práticas de divulgação e o público-alvo que se deseja atingir é uma condição importantíssima, por outro lado chegar a esse público também é um desafio para muitos cientistas. Isso pode acontecer tanto por eles não terem, algumas vezes, clareza em relação a *quem* é o *seu* público, ou por não saberem como chegar a um público apenas esboçado mentalmente (público idealizado).

Martin W. Bauer e Pablo Jensen, destacam no artigo "The mobilization of scientists for public engagement" (2011) que o conceito de "entendimento público da ciência" envolve tanto a compreensão do público sobre a ciência, quanto a mobilização de cientistas e outros recursos para envolver o público com a ciência. Essa mobilização é vista como um movimento social que visa promover o engajamento público com a ciência em diferentes contextos ao redor do mundo.

Os autores destacam que as atividades de engajamento público podem assumir várias formas, como palestras públicas, entrevistas com jornalistas, escrita de livros de divulgação científica, participação em debates públicos e colaboração com organizações não governamentais. Entretanto, ressaltam a importância de abordar o engajamento público em um sentido amplo, que inclua todas as formas de comunicação com públicos não científicos. Nesse sentido, seria preciso compreender e planejar o engajamento dos cientistas com o público (o que e como desejam dialogar com o público) e promover uma cultura de engajamento público nas instituições científicas, tanto de origem quanto parceiras.

A partir dessa questão, Bauer e Jensen (2011) formulam nove hipóteses sobre o engajamento público dos cientistas, abordando questões como a relação entre esse engajamento e a posição hierárquica nas instituições científicas, as diferenças entre disciplinas científicas, o aumento geral das atividades de divulgação e o impacto dessas atividades nas perspectivas de carreira dos cientistas. Todas elas, todavia, passam pela necessidade de que o ato de divulgar seja percebido como movimento social.

Um exemplo de movimento social científico que surgiu em resposta à "crise de reprodutibilidade" na pesquisa científica foi o metaciência. Essa crise, caracterizada por uma percepção de falhas generalizadas na capacidade de reproduzir resultados de estudos científicos, levou a mudanças significativas nas políticas de pesquisa em várias áreas da ciência.

A metaciência é definida como um movimento que utiliza a quantificação e a experimentação para diagnosticar problemas nas práticas de pesquisa e melhorar a eficiência. Esse movimento reúne cientistas de dados, metodologistas experimentais e estatísticos e ativistas da ciência aberta em um projeto que tem dimensões tanto intelectuais quanto políticas. Os metacientistas têm sido bem-sucedidos em obter financiamentos, motivar cobertura midiática e influenciar políticas em agências de ciência, periódicos e universidades.

A trajetória da metaciência, observando que ela evoluiu de uma iniciativa de "empreendedores morais" para se tornar uma força organizada que visa à eficiência na produção, curadoria e manutenção de informações científicas, revela que é possível transformar a estrutura fragmentada da ciência disciplinar em um campo integrado. Reforça a viabilidade de se pensar a divulgação do conhecimento científico como possibilidade de formação de movimentos sociais. Sugere que a forma como as instituições científicas estão se adaptando reflete uma mudança na paisagem política, tecnológica e epistêmica. Destaca, ainda, como a ponte entre o conhecimento científico e o público geral pode ser enriquecedor também para o próprio campo científico.

Em 2014, Binay K. Pattnaik e Subhasis Sahoo publicaram o artigo "Communicating Science in India through People's Science

Movements (PSMs)", no qual abordaram o fenômeno dos Movimentos Científicos Populares (MCPs) na Índia, que se distinguem dos movimentos de divulgação da ciência observados em outros locais como Estados Unidos, Austrália e países europeus. Os autores investigaram o surgimento desses movimentos no contexto histórico e social da Índia, destacando seu papel na promoção do pensamento científico não místico, especialmente entre as camadas mais populares do país.

Os MCPs na Índia são enraizados no pensamento reformista social dos anos 1950 e têm evoluído para se tornarem centros significativos de ativismo. Eles abrangem várias tendências, incluindo humanitária, nacionalista e radical, cada uma com diferentes abordagens para aplicar o conhecimento científico e tecnológico às necessidades materiais das pessoas, transferência de conhecimento, estimulação da criatividade em massa e uso da tecnologia como ferramenta na luta política das massas exploradas.

Segundo os autores, os MCPs têm sido influentes na Índia desde a década de 1960, formando um grupo importante entre os movimentos científicos indianos que surgiram em resposta à ciência e à tecnologia moderna. Esses movimentos são caracterizados pela iniciativa de grupos voluntários de ciência e têm atividades multifacetadas nas áreas de educação, desenvolvimento, meio ambiente, saúde, popularização da ciência e tecnologia apropriada. O papel crítico dos MCPs é reconhecido por meio do valor simbólico da ciência, disseminando o pensamento científico entre as massas como pré-condição para a transformação social e exigindo o uso de informações e procedimentos científicos no processo de tomada de decisão das elites governantes.

Os MCPs são vistos pelos autores como movimentos sociais únicos na Índia, iniciados pela intelectualidade de classe média, com a missão de libertar a ciência das distorções do sistema capitalista-imperialista e utilizá-la como instrumento na criação de uma sociedade justa, igualitária e economicamente próspera. Eles são partidários das massas (*have-nots*) em sua luta contra a exploração e privação, por meio de atitudes críticas e conhecimento científico.

Os autores concluem que os MCPs desempenham um papel revolucionário ao promover o pensamento científico e a busca por uma sociedade mais equitativa e sustentável, desafiando as estruturas de poder existentes e promovendo uma visão alternativa de desenvolvimento baseada no conhecimento e na aplicação responsável da ciência e tecnologia.

Os integrantes dos MCPs são diversificados, indo de pessoas físicas a organizações. Inicialmente, os MCPs foram liderados por intelectuais e cientistas, que desempenharam um papel fundamental na formulação de estratégias, na elaboração de conteúdo educativo e na liderança de campanhas de conscientização. Com o passar do tempo, profissionais de áreas ligadas às ciências também começaram a se envolver, contribuindo com seu conhecimento técnico e prático para o desenvolvimento de tecnologias apropriadas e para a disseminação do pensamento científico. Daí em diante, o crescimento dos MCPs atraiu educadores, incluindo professores de escolas iniciantes e universidades, envolvendo-os na educação científica e na divulgação científica entre os estudantes e a comunidade em geral. Há um grande contingente de profissionais da saúde atuantes nesses movimentos (médicos, enfermeiros e outros profissionais), especialmente nas áreas relacionadas à saúde pública, educação para a saúde e campanhas de prevenção de doenças. Não podendo deixar de ser mencionada a participação de ativistas sociais e comunitários.

Os MCPs são inspiradores para fazer pensar sobre o potencial da divulgação científica como ação de promoção de transformações sociais. Todos esses integrantes trabalham juntos em uma variedade de iniciativas, desde a promoção da educação científica até a defesa de políticas públicas baseadas em evidências científicas, visando à criação de uma sociedade mais informada e justa.

Outro caso relevante que nos ajuda a sustentar o entendimento de que a divulgação científica pode ter em seu horizonte de expectativas a atuação no desenvolvimento de movimentos sociais significativos foi abordado por Scott Frickel, no artigo "Just Science? Organizing Scientist Activism in the US Environmental Justice

Movement" (2004). Nele, Fricket aborda a crescente mobilização de cientistas no movimento de justiça ambiental nos Estados Unidos. O pesquisador argumenta que a convergência assimétrica entre a pesquisa acadêmica e a indústria está desviando recursos da produção de conhecimento ambiental para áreas de pesquisa mais lucrativas. No entanto, paradoxalmente, esses mesmos processos estão conectando trabalhadores do conhecimento ambiental em diferentes campos e setores ocupacionais de maneiras que aumentam a capacidade dos cientistas marginalizados para desafiar coletivamente essa mudança de pesquisa pública para privada.

O artigo identifica quatro tipos de organizações orientadas para a ciência que estão desempenhando um papel na organização do ativismo científico na justiça ambiental, praticando ações de divulgação científica como parte das estratégias para atingir seus escopos:

- **organizações de fronteira ambiental** — que operam nas fronteiras entre ciência e política, como o *Health Effects Institute*, conduzindo e divulgando pesquisas sobre a qualidade do ar apoiadas pela EPA (Environmental Protection Agency), dos Estados Unidos, e pela indústria automobilística;
- **associações científicas** — que representam comunidades produtoras e divulgadoras de conhecimento ambiental e que podem se envolver em atividades de defesa e educação política, como a *Ecological Society of America*;
- **organizações de ciência de interesse público** — que têm como missão explícita usar a ciência para o benefício público e que estão conectadas a movimentos políticos, como a *Science and Environmental Health Network*;
- **organizações de apoio de base** — que assistem grupos de cidadãos locais envolvidos em conflitos de justiça ambiental, fornecendo informações e apoio técnico.

Frickel (2004) argumenta que essas organizações estão desafiando as suposições normativas sobre os papéis e as responsabilidades profissionais dos cientistas e criando espaços culturais que acomodam melhor as identidades "profissionais" e "ativistas" dos cientistas, tendo na divulgação científica um pilar norteador para o desenvolvimento de suas ações. O artigo sugere, ainda, que a emergência de uma cultura de ativismo entre os profissionais de pesquisa ambiental está se tornando um meio legítimo de expressão política por meio de processos de produção e divulgação de informações científicas. O recorte temático de Frickel não limita o campo, mas evidencia e inspira a viabilidade do desenvolvimento desse tipo de ação nos mais variados campos das ciências, incluindo áreas inter e transdisciplinares.

No Brasil, Ana Maria Costa e colaboradores analisam este tipo de abordagem no artigo "Centro Brasileiro de Estudos de Saúde: movimento em defesa do direito à saúde", de 2020. Nele, as autoras discutem a trajetória e o papel do Centro Brasileiro de Estudos de Saúde (Cebes) na luta pelo direito à saúde no Brasil, especialmente no contexto da Reforma Sanitária Brasileira e da construção do Sistema Único de Saúde (SUS).

Elas destacam que o Cebes foi um dos principais protagonistas do Movimento da Reforma Sanitária (MRS), que emergiu na década de 1970 com o objetivo de criar um sistema público universal de saúde. O movimento ganhou força com a redemocratização do país e culminou na inclusão da saúde como direito universal e dever do Estado na Constituição Federal de 1988.

Uma das estratégias de comunicação e divulgação científica adotadas pelo Cebes foi a criação da Revista *Saúde em Debate*, em 1976, que teria servido como um veículo para disseminar conhecimentos, reflexões e a proposta política da Reforma Sanitária. A revista teve um papel importante na mobilização de diversos setores da sociedade, incluindo professores, alunos, profissionais da saúde e movimentos sociais, contribuindo para a construção de um amplo movimento nacional em defesa do direito à saúde.

O artigo ressalta a importância dos Departamentos de Medicina Preventiva e Social das universidades públicas na origem e no desenvolvimento do MRS, bem como a participação de cebianos e integrantes do movimento em cargos de governo durante os anos 1980, o que permitiu a inserção de propostas de mudanças no setor saúde.

Na atualidade, o Cebes continua atuando em defesa da democracia, da saúde como direito social e do SUS, articulando-se com movimentos sociais, entidades nacionais e internacionais, com forte ênfase em ações que buscam estabelecer pontes entre a ciência e a sociedade.

A divulgação científica, imbricada com questões políticas, pode ser entendida como um valioso campo de ação para a democratização do conhecimento e para a promoção de uma sociedade mais informada e participativa. Movimentos que promovem o acesso democrático aos saberes científicos e a divulgação científica nas redes sociais evidenciam a necessidade de políticas públicas que assegurem a igualdade de acesso à informação, combatam a desinformação e incentivem a interação entre ciência e sociedade. Políticas públicas inovadoras e um compromisso com a ética e a qualidade da pesquisa são fundamentais para o sucesso dessas iniciativas.

A integração da divulgação científica nas políticas institucionais reflete um compromisso com a governança responsável e a promoção de uma sociedade bem-informada. Ao mesmo tempo, a abordagem da divulgação como prática micropolítica e o reconhecimento de seu papel nos movimentos sociais ampliam sua relevância para além da mera transmissão de informações, posicionando-a como ferramenta de fortalecimento e transformação social.

PARTE IV

DIVULGAÇÃO CIENTÍFICA E PESQUISA ACADÊMICA

4. O PESQUISADOR, A DIVULGAÇÃO E O LETRAMENTO CIENTÍFICO

Socialmente, é muito comum encontrar a representação simbólica do pesquisador com um sujeito isolado em laboratórios e em sala de aula. Esse tipo de significado, por um lado, é criado a partir de um senso de atribuição da aura de autoridade àquele sujeito. Trata-se de uma espécie de significação da atividade intelectual do cientista como instância criada em uma camada hierárquica dificilmente atingível.

Em nossos dias, a proeminência do conhecimento científico e sua disseminação em variados estratos sociais têm contribuído para a humanização crescente da figura do cientista, que passa a ser visto como um agente social. Esse processo tem despojado o cientista da "aura" quase mística que o envolvia anteriormente, atribuindo-lhe um papel significativo e ativo na sociedade, auxiliando na busca por inovações. Nas últimas décadas, destacou-se a emergência de iniciativas voltadas à divulgação do saber científico em diferentes níveis da sociedade: desde publicações destinadas ao público leigo até ações voltadas para a educação, visando estreitar a relação entre laboratórios e escolas. Essas iniciativas se enquadram em um espectro que vai da divulgação científica ao letramento científico. É importante compreender e dissociar essas duas categorias quando desejamos pensar o papel dos cientistas na promoção da conscientização pública acerca das ciências.

4.1 Da disseminação à popularização: a ecologia conceitual em torno da divulgação científica

A divulgação científica constitui-se como o emprego de técnicas de recodificação de linguagem da informação científica e tecnológica objetivando atingir o público em geral, utilizando, para tanto, diferentes meios de comunicação de massa. Todavia, esse propósito é, especialmente no Brasil, atravessado pela grande proliferação de nomenclaturas que, à guisa de identificar com precisão, muitas vezes acabam confundindo o não especialista.

Segundo Wilson Bueno (1984), a divulgação científica é um conceito mais restrito do que "difusão científica" e um conceito mais amplo do que "comunicação científica". *Difusão científica* diria respeito a todo e qualquer processo utilizado com o fim de comunicar a informação científica e tecnológica, ou seja, a difusão científica pode ser orientada tanto para especialistas (nesse caso, sendo sinônimo para *disseminação científica*), quanto para o público não especialista em geral. Esse entendimento, todavia, vai de encontro com o de Everett Rogers e colaboradores (2014), para quem a difusão científica refere-se ao processo pelo qual as novas descobertas e conhecimentos científicos se espalham e são adotados pela comunidade científica e, eventualmente, pelo público em geral. Esse conceito está mais relacionado à forma como as inovações e as ideias se propagam e são incorporadas na prática científica e na sociedade.

O campo mais amplo que Bueno (1984) identifica como difusão científica, parece estar mais bem relacionado ao termo disseminação científica; termo frequentemente usado para descrever o processo de espalhar o conhecimento científico dentro da comunidade científica e para o público em geral. A disseminação científica pode ocorrer por meio de publicações acadêmicas, conferências, *workshops*, mídias sociais e outras plataformas. Seu objetivo é oferecer oportunidades para que os resultados de pesquisas e descobertas estejam disponíveis para quem possa se interessar ou se beneficiar deles, especialistas ou não. Nesse sentido, o termo *difusão científica* parece se alinhar melhor com os processos usados para a realização da disseminação científica. Etimologicamente, o termo *difusão* deriva do latim *diffusio* (espalhar, derramar, propagar), enquanto *disseminação* deriva de *disseminare* (semear, espalhar as sementes). Partindo desse entendimento, consideraremos que o plano mais amplo é o da *disseminação científica*, que busca semear conhecimentos indistintamente entre especialistas e não especialistas, enquanto a *difusão científica* diz respeito aos processos usados para atingir a disseminação.

Desse modo, a difusão pode ocorrer tanto em relação a especialistas, macroprocesso de *comunicação científica*, quanto para não especialistas, macroprocesso de *divulgação científica*. A primeira diz respeito aos processos de propagação do conhecimento científico dentro da comunidade científica (especialistas), enquanto a segunda volta-se para o público em geral (não especialista). Ambas podem desenvolver procedimentos como publicações, conferências, *workshops*, assim como por mídias sociais e outras plataformas, variando de acordo com seus públicos (Figura 4.1).

Figura 4.1 – Esquema representando a relação entre disseminação, difusão, comunicação e divulgação científica

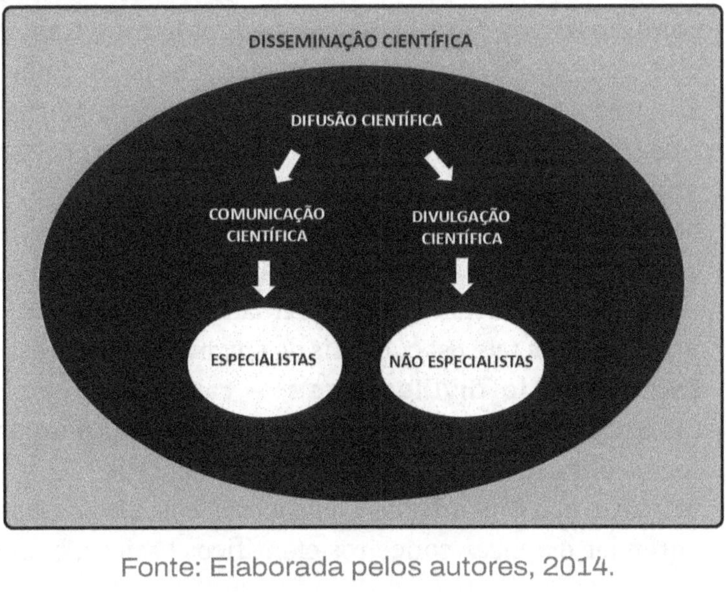

Fonte: Elaborada pelos autores, 2014.

Esses macroprocessos podem ser operacionalizados a partir de diversos microprocessos, de acordo com o escopo adotado, um desses microprocessos é o de *popularização* (ou *conscientização*) *científica*. Trata-se da movimentação para tornar o conhecimento científico acessível e compreensível para a população, por meio não só da tradução (simplificação da linguagem técnica) e a informação sobre conceitos científicos de maneira atraente e relevante, mas, principalmente, estimulando a compreensão pública sobre temas científicos e sua apropriação pela na sociedade.

A divulgação científica deve ser entendida, assim, como um macroprocesso de comunicação entre ciência e sociedade, que se orienta para a realização de microprocessos específicos como campo de atuação, por exemplo:

- **tradução de informações científicas** — ações que traduzem fatos e princípios da ciência por meio de uma linguagem acessível, por exemplo, como é desenvolvida uma vacina (fato) ou a Teoria dos Germes, de Louis Pasteur e Robert Koch, desenvolvida no século XIX (princípio);
- **popularização/conscientização cientifica** — conscientização da população sobre a importância de determinados conhecimentos científicos, por exemplo, como o uso da vacina pode auxiliar na prevenção de doenças, ou como lavar as mãos pode contribuir para a diminuição dos riscos de transmissão de microrganismos, que leva à propagação de infecções e doenças;
- **mediação científica** — atuação que facilita a comunicação entre cientistas, instituições científicas e público, ajudando a esclarecer conceitos e a contextualizar descobertas, como programas de televisão, canais de entrevista *on-line* etc.;
- **formação de divulgadores** — capacitação de cientistas e profissionais para que comuniquem suas pesquisas de forma eficaz e adaptada a diferentes públicos;
- **letramento científico** — capacitação de uma pessoa para entender e aplicar conceitos científicos básicos, bem como

utilizar o pensamento crítico para tomar decisões informadas baseadas em evidências científicas.

Cada microprocesso abre espaço para inumeráveis procedimentos operacionais, por exemplo:

- **realização de eventos públicos:** (palestras, oficinas, feiras de ciências, exposições etc.) que proporcionam experiências diretas com a ciência e oportunidades de interação com cientistas;
- **elaboração de materiais didáticos:** desenvolvimento de recursos didáticos como infográficos, vídeos, *podcasts* e jogos educativos que tornam o conteúdo científico mais acessível e atraente;
- **produção de artigos de divulgação:** elaboração de textos que explicam conceitos científicos e apresentam descobertas de forma acessível em revistas, jornais e blogs;
- **criação de conteúdo audiovisual:** desenvolvimento de documentários, animações e vídeos educativos que exploram temas científicos de maneira visual e dinâmica;
- **desenvolvimento de exposições interativas:** planejamento e implementação de mostras em museus, centros de ciência, espaços educacionais etc. que permitam ao público interagir com conceitos e experimentos científicos;
- **realização de webinars e cursos *on-line*:** organização de seminários e cursos pela internet que facilitam o acesso ao conhecimento científico para um público mais amplo;
- **promoção de olimpíadas, concursos e desafios científicos:** iniciativas que incentivam a participação do público em atividades científicas, como competições de robótica ou projetos de ciência cidadã;
- **elaboração de *podcasts* científicos:** produção de programas de áudio que discutem temas científicos de forma informativa e envolvente;

- **desenvolvimento de aplicativos educacionais:** criação de apps que oferecem experiências interativas de aprendizagem sobre ciência e tecnologia;
- **participação em programas de rádio e TV:** colaboração com meios de comunicação para apresentar segmentos que tratam de assuntos científicos de forma acessível;
- **implementação de projetos de ciência cidadã:** incentivo à participação do público em projetos de pesquisa, contribuindo com dados e observações que apoiam o trabalho científico.

Esses são apenas alguns exemplos de procedimentos que podem ser implementados em alinhamento com microprocessos, ajudando a tornar a ciência mais acessível e estimulando o interesse e compreensão do público em relação aos temas científicos. A definição clara do(s) microprocesso(s) e procedimento(s) contribui para a eficácia do macroprocesso de divulgação científica

Todavia, é importante sempre considerar que a prática da divulgação científica é apenas uma relativa democratização do conhecimento científico, que traz em seu bojo a reiteração das práticas científicas, legitimando e reforçando o perfil ideológico da ciência.

4.2 Perspectiva pedagógica sobre divulgação científica no Brasil

Como visto anteriormente, as atividades de divulgação científica surgiram junto com a própria ciência moderna. Podemos encontrar já no século XVIII diversos livros escritos por cientistas e destinados a um público que, no atual discurso da divulgação científica, seria chamado de não especializado ou leigo. Algumas exposições e palestras, relacionadas à física, à química ou à medicina, eram itinerantes, percorrendo diversas cidades e, às vezes, diversos países.

A divulgação do conhecimento científico na atualidade está intimamente ligada à tendência de rompimento com as "grandes narrativas" iluministas da libertação por meio do conhecimento e do idealismo alemão em relação ao conceito de Verdade. Na sociedade pós-moderna, temos a desmistificação de tais "narrativas" e o pesquisador abandona seu exílio para mostrar como o saber científico penetra as mais diversas instâncias do cotidiano. Divulgar ciência é contribuir para a formação da conscientização pública sobre o universo científico. O papel do cientista nesse processo é o de contribuir para a disseminação do conhecimento, alcançando diferentes públicos, devendo a divulgação ser modulada em relação aos mais diversos extratos socioculturais.

Em face do exposto, surge uma questão inerente ao processo de popularização científica que é como alcançar um equilíbrio entre o entusiasmo pela ciência dos cientistas envolvidos na sua concepção e aplicação e a necessidade de se evitar transmitir ao público não especializado uma visão exagerada das possibilidades da ciência moderna. Além disso, como trabalhar a verdade científica de maneira clara, correta, coerente e concisa e, ao mesmo tempo, transformar esta verdade em informação válida, útil e atraente?

No consagrado estudo *The Structure of Scientific Revolutions* (1997), Thomas Kuhn já advertia para o fato de que assim como uma língua, o conhecimento científico está sempre relacionado com um grupo e que, para ter acesso àquele conjunto de informações, é importante compreender adequadamente as características daquele grupo e como ele cria e usa seu conhecimento. Longe de negar aos leigos o acesso à informação, o que vemos hoje é um processo que torna visível para a sociedade em geral e para os mais diferentes graus de ensino (fundamental, médio, superior) as características e grupos de cada ciência.

A prática pedagógica no Brasil, algumas vezes, está alicerçada em pressupostos puramente didáticos e acadêmicos, não considerando as diferenças socioeconômicas e culturais dos estudantes. Essa mesma educação parece, em larga escala, privilegiar um tipo de ensino que não contribui muito para a formação do cidadão.

O ensino de ciências praticado no Brasil, na maioria das escolas de nível médio e fundamental e, não raro, no ensino superior, pressupõe uma atitude passiva dos alunos que não favorece a criatividade, a inovação e a transformação de conhecimento em riquezas. Não estamos nos referindo aqui apenas aos ambientes mais urbanizados onde algumas escolas estão investindo, ou tentando investir, em metodologias mais ativas, mas no grande contingente de escolas que vão dos núcleos urbanos às áreas periféricas, das cidades do interior e das zonas rurais.

É difícil conceber, hoje, um ensino meramente teórico, estritamente livresco e formal, sem vínculos com a realidade prática e a ausência de desafios, o que inevitavelmente contribui para o desinteresse dos alunos pelas ciências e suas aplicações práticas, a despeito delas estarem presentes no seu dia a dia. Todavia, essa ainda é uma realidade de muitas escolas brasileiras.

Algumas vezes, a percepção equivocada do que vem a ser ciência surge já nos primeiros contatos do aprendiz com o universo científico. Esse tipo de ocorrência pode representar sérios prejuízos para o educando ao longo de sua formação. Abell e Smith (1994) observam como o despreparo de profissionais do ensino básico pode comprometer o entendimento do aluno (de forma imediata) e da sociedade (efeito cumulativo) sobre a natureza do conhecimento científico.

Indubitavelmente, qualquer sociedade percebe a importância e a necessidade de ampliação das informações científicas nos dias de hoje, entretanto, nosso país ainda apresenta um ensino deficitário na área de ciências. Dessa forma, cabe às atividades de divulgação científica o importante papel de informar e até mesmo educar cientificamente o cidadão brasileiro por meio dos mais variados microprocessos e procedimentos de divulgação científica.

Por outro lado, existe uma grande dificuldade em se perceber o valor da ciência, resultante da linguagem hermética criada pelos próprios cientistas, impedindo o acesso do público leigo ao conhecimento. Consequentemente, o conhecimento científico fica muitas vezes retido nos domínios das Universidades e Institutos de Pesquisas, distantes do público ao qual deveria servir. Seria, porém, uma abusiva simplificação reduzir a questão de acessibilidade de linguagem à diferença entre um artigo publicado numa revista científica especializada e o texto que se propõe divulgar idêntico conteúdo numa publicação de grande circulação para um público leigo.

O interesse dos cientistas em divulgar ciência tende a ser orientado por três objetivos:

- **educacional** — ampliar o horizonte de conhecimentos e a compreensão do público não especializado a respeito do saber científico e seu modo de construção (método científico);
- **cívico** — desenvolver opinião pública informada sobre os impactos do desenvolvimento científico e tecnológico sobre a sociedade, particularmente em áreas críticas do processo de tomada de decisões; e
- **mobilização popular** — ampliar as possibilidades e a qualidade de participação da sociedade na formulação de políticas públicas e na escolha de opções tecnológicas. Para isso, seria importante que a sociedade compreendesse os métodos e usos da ciência, bem como a relação de dependência da produtividade econômica, a segurança nacional e a influência na política internacional com as contribuições vindas do avanço técnico-científico. O apoio público à ciência viria, então, da compreensão social sobre essa atividade, possível a partir de ações voltadas para ampliar a familiarização da sociedade com a atividade científica.

A importância dada à divulgação da ciência se ampliou consideravelmente ao longo das últimas décadas no Brasil. É possível observar o crescimento de um nicho na comunidade acadêmico-científica voltado à criação e à elaboração de novas iniciativas que visam à melhoria da educação científica e da difusão cultural.

A formação de redes globais, amparada pelos novos meios de comunicação digital, entre outros meios de socialização da informação, tem melhorado a cada dia os processos de divulgação científica. Com esse propósito, os centros de ciência surgem com uma nova concepção de museu, usando métodos interativos de exposição, de modo a motivar o público com experiências que o envolvam diretamente. É uma tentativa de apresentar os fenômenos do mundo natural com o emprego de experimentos interativos e de demonstrar como as invenções e descobertas constituem respostas às necessidades e à curiosidade dos homens.

As limitações físicas e espaciais, bem como a popularidade que esses centros alcançaram junto a públicos de todas as idades alavancaram o surgimento de novos instrumentos de veiculação de informação científica por meio de exposições itinerantes, feiras de ciências e atividades educacionais montadas em espaços públicos não convencionais. Diversas instituições, entre ONGs, empresas e instituições públicas, realizam projetos práticos de baixo custo visando ao desenvolvimento da criatividade e da cidadania a partir de uma atitude proativa de alunos e professores, possibilitando ainda o letramento científico, ao permitir a formação continuada de profissionais da área de educação e ao introduzir crianças e jovens ao saber científico.

Atualmente, apesar das dificuldades financeiras e institucionais para o desenvolvimento dessas atividades, nós nos deparamos com um cenário econômico-político discreto, porém favorável às iniciativas que versem sobre a temática da Difusão e Popularização da Ciência e Tecnologia.

O Ministério da Ciência, Tecnologia e Inovações (MCTI), por meio do Decreto Presidencial nº 10.821, de 30 de setembro de 2021, instituiu o programa Pop Ciência. Tratou-se de uma iniciativa estratégica para fortalecer a Semana Nacional de Ciência e Tecnologia (SNCT) e promover o engajamento em atividades científicas em todo o Brasil. O programa abrange uma série de ações, incluindo a realização de feiras de ciências, o apoio a museus de ciência e tecnologia, e a organização de Olimpíadas de Conhecimento. Por meio de editais específicos, o Pop Ciência buscou incentivar a participação de diferentes setores da sociedade, com o objetivo de democratizar o acesso ao conhecimento científico e fomentar o interesse nas áreas de Ciência, Tecnologia, Engenharia e Matemática (STEM).

Essa iniciativa representa uma tentativa de ampliar o alcance das ações de divulgação científica, bem como de consolidar a cultura de valorização da ciência no país. A criação de uma rede nacional de promotores de ciência, composta por instituições de ensino, museus, centros de pesquisa e organizações não governamentais, foi um dos pilares do Pop Ciência. Essa rede, ainda ativa na data desta publicação, trabalha de forma articulada para promover atividades educativas e de popularização da ciência, com o propósito de aumentar a confiabilidade e a acessibilidade às informações científicas, bem como que sejam compreensíveis para a população. A normatização do programa pelo Decreto nº 10.821/2021 reflete o esforço governamental em promover educação científica de qualidade, essencial para o desenvolvimento socioeconômico e tecnológico do Brasil.

Nos últimos anos, tem se observado também um crescimento significativo da preocupação com a inclusão e a acessibilidade no campo da divulgação científica. Esse movimento reflete uma consciência crescente de que o acesso ao conhecimento científico deve ser democratizado, garantindo que todos os segmentos da sociedade, incluindo pessoas com deficiência, minorias étnicas, e outros grupos historicamente marginalizados, possam participar e se beneficiar das descobertas e inovações científicas. A promoção da inclusão e da acessibilidade tornou-se uma prioridade para muitas instituições, que buscam desenvolver materiais e programas de divulgação científica que atendam às necessidades de um público diversificado.

O reconhecimento da importância de promover o acesso às minorias históricas na ciência está intrinsecamente ligado à promoção da equidade e da justiça social. A diversidade de perspectivas e experiências enriquece o campo científico, trazendo novas ideias e abordagens que podem levar a inovações significativas. Para isso, iniciativas como a adaptação de conteúdo para diferentes formatos, incluindo língua de sinais, audiodescrição e tradução para múltiplos idiomas, são essenciais. Além disso, a criação de programas e espaços que acolham e encorajem a participação de mulheres, negros, indígenas, e pessoas LGBTQIA+ na ciência é fundamental para construir um ambiente mais inclusivo e representativo.

Essas ações ampliam o alcance da divulgação científica e contribuem para a formação de uma sociedade mais equitativa e informada, colaborando para democratizar a informação sobre a produção de conhecimento, cujos resultados possam ser operacionalizados em políticas e medidas a serem adotadas pelos Estados da Federação e pelo poder público em geral. Ações conjuntas entre governos federal e estadual promovem programas como a Semana Nacional de Ciência e Tecnologia, e editais específicos para fomento de projetos relacionados à divulgação científica coordenados por pesquisadores vinculados a Instituições de Ensino e Pesquisa. Atualmente, podemos encontrar inúmeros exemplos de projetos de popularização da ciência e tecnologia.

Ações interativas aumentam consideravelmente a autoestima e a autoconfiança de professores e alunos e permitem levar à comunidade projetos criativos e lúdicos que ilustram a importância da ciência e da tecnologia no nosso dia a dia, contribuindo para a melhoria da cultura científica de nossa população e para a disseminação da importância da criatividade e da atitude empreendedora para o nosso desenvolvimento socioeconômico.

A experimentação no ensino de ciências vem com a proposta de não só contribuir para a melhoria da qualidade do ensino, facilitando a aquisição do conhecimento e auxiliando no desenvolvimento cognitivo além de despertar a curiosidade científica, mas principalmente, democratizar o conhecimento científico, levando ao aperfeiçoamento de professores por meio de uma nova linguagem adaptada às modernas formas de comunicação.

A ciência torna-se um espetáculo presente no cotidiano, corroborando o entendimento de Thomas Gieryn (1983) no sentido de que as tentativas de "demarcações científicas" entre o que é e o que não é conhecimento científico falharam ao longo da história da ciência. Hoje, o conhecimento científico perpassa diversas camadas, sendo mais adequado abandonar a dicotomia científico/não científico em favor de uma concepção centrada em graus de cientificidade. Em uma feira de ciências temos a produção de legítimo conhecimento científico, mas em um grau de complexidade consideravelmente menor do que em um congresso de especialistas.

4.3 Letramento científico: questão de cidadania

Anteriormente, abordamos a questão da diversidade de microprocessos que estão no escopo das ações de divulgação científicas. Aqui, nós nos deteremos sobre um deles: o letramento científico. Já vimos que ele envolve a capacitação de pessoas para entender e aplicar os conhecimentos científicos construídos, auxiliando na formação de bases para um pensamento crítico baseado em evidências científicas.

Vale observar também que outros aspectos estão relacionados com essa alfabetização, a saber: o desenvolvimento da compreensão do método científico, da habilidade de interpretar resultados de pesquisas e da capacidade de comunicar e discutir questões científicas de forma eficaz. Portanto, ao promover o letramento científico estamos, simultaneamente, instrumentalizando os indivíduos para que participem de maneira significativa em debates públicos sobre questões científicas e tecnológicas que impactam a sociedade.

Partimos do pressuposto de que esse processo torna o indivíduo alfabetizado cientificamente mais envolvido nos assuntos que se relacionam à ciência e à tecnologia, ultrapassando a mera reprodução de conceitos científicos, destituídos de significados, de sentidos e de aplicabilidade.

O chamado analfabetismo científico constitui um obstáculo importante para a compreensão pública da ciência e da tecnologia, que somente pode ser remediado com seu conceito antagônico, o de letramento científico. Cabe ao divulgador científico ser o agente que promove a o acesso a informações de conhecimentos básicos, contribuindo para a sensibilização do aprendiz em relação ao campo científico. Essa sensibilização vem da exposição do aprendiz aos conteúdos científicos, mas, sobretudo, ao método científico. Trata-se de evidenciar o modo como se constrói o pensamento científico, ou seja, a descristalização de entendimentos apriorísticos, promovendo o entendimento mais minucioso e controlado.

Em relação ao letramento científico, deve-se levar em consideração tanto os conteúdos, quanto uma série de elementos correlacionados a eles. O termo letramento científico foi usado pela primeira vez, na década de 1950, por Paul Hurd, centrando-se na ideia de que a sociedade em geral deveria ter acesso às bases do conhecimento científico.

Rüdiger Laugksch (2000) estabeleceu uma visão panorâmica sobre o contexto histórico que se desdobrou a partir do passo pioneiro de Hurd. Para a Royal Society (Inglaterra), o letramento científico foi posto como estratégia necessária e fundamental para que as pessoas sintam satisfação pessoal, para participarem criticamente da sociedade e para desempenharem melhor suas atividades profissionais.

Na sociedade moderna, o acesso às informações, dentre as quais a científica, é importante para o pleno exercício da cidadania. No processo de letramento científico, cabe aos agentes envolvidos mostrar como o processo de construção do pensamento científico se realiza. Nesse sentido, o divulgador surge como mediador ideal para estabelecer uma comunicação eficaz com o público, quer pela legitimidade de seu papel profissional — no caso da divulgação ser desenvolvidas por pesquisadores —, quer por sua familiaridade em primeiro nível com seu objeto — no caso de divulgadores profissionais e jornalistas científicos.

Se o fim da representação do cientista como sujeito isolado e inacessível foi um importante passo para viabilizar o processo de difusão junto à comunidade não especialista, outro passo importante se deu, nas últimas décadas, com a percepção de que o trabalho interdisciplinar muito tem a contribuir para a ampliação dos horizontes da pesquisa acadêmica. Essa tendência tem sido destacada tanto no sentido da derrubada das fronteiras disciplinares (saúde, humanas, exatas), quanto na busca de entrecruzamentos entre os campos.

Em alguns campos acadêmicos, a ideia de trabalho em coautoria está fortemente estabelecida, entretanto, essa ideia se estabelece, via de regra, entre atores de um mesmo nicho acadêmico. Até algumas décadas atrás, a rede de cientistas era pouco ampliada em agregar pesquisadores de outros campos.

Um trabalho interdisciplinar pressupõe tanto a multiplicidade de agentes oriundos de diferentes campos, quanto um aumento no fluxo de informações entre esses agentes. Durante muito tempo, a questão da dificuldade de troca de informações e da organização de ações sinérgicas foram justificadas em face das barreiras geográficas. Essa afirmação, todavia, não se justifica mais em uma sociedade marcada pela aceleração das trocas de informação. As redes digitais aceleraram a troca de artigos, discussão a distância, delegação e acompanhamento de tarefas como nunca visto em outros momentos da história da ciência.

Com o passar do tempo, a interdisciplinaridade tem se consolidado como uma abordagem fundamental para as iniciativas de divulgação de ciência. Em um mundo cada vez mais complexo, onde as fronteiras entre as disciplinas são frequentemente nebulosas, a necessidade de integrar conhecimentos de diferentes áreas torna-se essencial. Essa integração enriquece a compreensão dos fenômenos científicos. Ao mesmo tempo, ela facilita a tradução desses conhecimentos para públicos diversos, que podem não ter formação específica nos variados campos científicos.

A prática interdisciplinar envolve a colaboração entre especialistas de campos distintos como cientistas, comunicadores, educadores e designers. Cada um desses profissionais traz uma perspectiva única, contribuindo para a criação de conteúdos mais acessíveis e envolventes. Por exemplo, a colaboração entre um biólogo e um ilustrador pode resultar em representações visuais que explicam complexos processos biológicos de maneira mais compreensível para o público leigo. Da mesma forma, a parceria com especialistas em educação pode ajudar a adaptar conteúdos científicos para diferentes faixas etárias e contextos educativos, tornando a ciência mais acessível e interessante para jovens e adultos.

Além disso, ela pode auxiliar a ampliação das perspectivas de abordagem dos próprios divulgadores por meio da convergência entre as diferentes áreas, conduzindo a um olhar mais holístico e crítico dos temas. A inclusão de perspectivas das ciências humanas e sociais, por exemplo, em uma questão biológica, pode abrir caminhos para uma análise mais profunda das implicações éticas, culturais e sociais que atravessam os temas biológicos. Isso é particularmente relevante em questões sociocientíficas como mudanças climáticas, saúde pública e tecnologias emergentes, em que as decisões baseadas na ciência podem ter impactos significativos na sociedade. A integração dessas perspectivas enriquece o diálogo entre ciência e sociedade, promovendo uma compreensão mais equilibrada e informada sobre os desafios e as oportunidades que surgem com o avanço científico.

Ao integrar conhecimentos de diferentes áreas, são postos em jogo modelos cognitivos diversos. Isso se dá tanto no que tange ao ponto de vista, quanto ao modo de interpretar determinados fenômenos. Essas variações exigem o envolvimento de competências cognitivas variadas. Essa demanda por múltiplas habilidades intelectuais se alinha com a Teoria das Inteligências Múltiplas, proposta por Howard Gardner (1995, 2011), segundo a qual os seres humanos têm uma gama de inteligências distintas, como linguística, lógico-matemática, espacial, musical, interpessoal, intrapessoal, entre outras. Gardner argumenta que essas inteligências se manifestam de maneira diferenciada em cada indivíduo, influenciando como eles aprendem, processam informações e se expressam.

Em *Frames of Mind* (2011), Gardner introduziu sua teoria das inteligências múltiplas em oposição ao teste de QI que somente valorizava habilidades tradicionais escolares, ou seja, as habilidades lógico/matemática e a linguística/verbal. A teoria das inteligências múltiplas é uma redefinição de inteligência à luz das origens biológicas da habilidade para resolver problemas. O autor afirma que o cérebro é o órgão do aprendizado, dotado de alta plasticidade mudando constantemente, dessa forma o indivíduo está sempre propenso a aprender. Gardner propõe, assim, sete potencialidades ou inteligências e afirma que por razões genéticas e ambientais, os indivíduos diferem enormemente entre si quanto aos seus perfis intelectuais. Ele postula também que essas competências são relativamente independentes, não funcionando isoladamente, e que todos os seres humanos dispõem de variados graus de cada inteligência. Apesar de utilizar sempre mais de uma inteligência, sempre haveria uma com dominância.

Uma das implicações dessa teoria para a educação é a de se criar um ambiente educacional mais amplo, que não focalize apenas os sistemas simbólicos da lógica e da linguística, oferecendo aos alunos diferentes oportunidades de desenvolvimento em todas as áreas do conhecimento. O uso de diferentes estratégias de ensino é fundamental durante o processo ensino-aprendizagem, pois pessoas diferentes aprendem de maneiras diferentes. Essas estratégias, portanto, devem promover a maior interação entre os alunos, estimular discussões, aumentar a criatividade de alunos e professores, buscando o aprendizado de determinado fato ou conceito, mas, sobretudo, um aprendizado útil que permita o uso conhecimento obtido no cotidiano.

Quando a divulgação científica adota uma abordagem interdisciplinar, ela abre espaço para essas múltiplas formas de semioses. Por exemplo, a criação de materiais educativos que combinam texto escrito, infográficos, vídeos e atividades práticas requer inteligência linguística e lógico-matemática, visual-espacial e até mesmo interpessoal, para facilitar a comunicação e o engajamento com o público. A capacidade de interpretar dados científicos complexos e traduzi-los em formatos acessíveis e envolventes requer uma compreensão profunda tanto dos conteúdos específicos quanto das necessidades cognitivas do público-alvo. As abordagens humanísticas tendem a enfatizar o elemento textual escrito e os esquemas, ao passo que as biológicas tendem a se valer com maior densidade de recursos como gráficos, tabelas e outros. A sinergia entre os campos pode abrir espaço para uma colaboração mais rica na produção de conteúdo, articulando diferentes recursos e lógicas na construção dos conteúdos.

Essa interseção entre interdisciplinaridade e inteligências múltiplas sublinha a importância de uma abordagem diversificada na divulgação científica, pois reconhece a diversidade cognitiva dos indivíduos. Permite, ainda, maior possibilidade de adaptação das estratégias de divulgação para maximizar a compreensão e o envolvimento de um público amplo e heterogêneo.

Acreditamos que a valorização da criatividade e da inovação, por meio da prática de popularização científica, possa criar um clima mais favorável à inovação nas escolas e aliar-se ao ensino formal na construção de uma sociedade alfabetizada científica e tecnologicamente.

4.4 Ética na divulgação científica

Hoje, mais do que nunca, em face do aceleramento dos fluxos de informação, os aspectos éticos da divulgação científica emergem como uma realidade que precisa ser discutida. A complexidade e as responsabilidades inerentes ao processo de divulgação de conhecimentos científicos à sociedade exigem séria e aprofundada discussão.

Um dos pontos de partida possíveis para essa discussão diz respeito à necessidade de conduzir a divulgação científica com um rigor ético que privilegie a precisão, a clareza e a responsabilidade social, evitando a disseminação de informações imprecisas ou sensacionalistas que possam distorcer a compreensão pública da ciência.

Kreinz e Pavan (2002) destacam que a ética na divulgação científica envolve tanto a responsabilidade ao comunicar os resultados científicos de maneira fidedigna quanto a necessidade de considerar as implicações sociais e culturais dessa comunicação. Destacam, ainda, que a ausência de neutralidade nos discursos científicos pode comprometer a confiança do público na ciência, sugerindo que a ética — como campo que discute os valores — deve nortear a produção e a disseminação de conhecimento científico de modo a evitar manipulações e garantir a integridade da ciência. Nesse sentido, desdobram-se duas vertentes principais: a ética em relação à fidedignidade do que é divulgado e em relação às implicações sociais e culturais que esses resultados podem ter.

Comunicar os resultados científicos de maneira fidedigna significa, antes de tudo, apresentar dados e conclusões de pesquisas de forma honesta e acurada, sem distorções — ou com o menor grau possível. Trata-se de evitar ruídos que possam levar à compreensão enganosa tanto do público leigo, quanto de outros cientistas. A fidedignidade envolve o respeito pela veracidade dos resultados, a clareza na apresentação de dados e a transparência em relação aos métodos e às limitações da pesquisa.

No entanto, a divulgação científica não pode ser vista apenas como a transmissão de informações técnicas, quer seja vista como tradução, quer como uma forma discursiva própria. As implicações sociais e culturais das descobertas científicas também precisam ser cuidadosamente consideradas. Cada descoberta, ao ser divulgada, apresenta o potencial de impactar a sociedade de diferentes maneiras, seja na formulação de políticas públicas, na percepção pública sobre certos temas ou mesmo nas práticas cotidianas das pessoas. Ignorar essas implicações pode levar a uma comunicação que, embora tecnicamente correta, seja socialmente irresponsável.

Nesse contexto, Kreinz e Pavan (2002) apontam para um desafio adicional: a neutralidade, ou melhor, a ausência dela, nos discursos científicos. Embora a ciência seja idealmente baseada em fatos objetivos, a forma como esses fatos são comunicados raramente é neutra. Há sempre escolhas envolvidas: quais resultados enfatizar? Como apresentá-los? A que público os direcionar? Essas escolhas podem influenciar a maneira como o conhecimento científico é percebido e utilizado. Quando esses discursos são carregados de vieses — sejam eles conscientes ou inconscientes —, há um risco real de manipulação, intencional ou não, dos resultados apresentados.

A falta de neutralidade nos discursos científicos pode comprometer a confiança do público na ciência, especialmente se houver a percepção de que a informação é manipulada para servir a interesses específicos, sejam eles políticos, econômicos ou ideológicos. Por isso, Kreinz e Pavan (2002) destacam que a ética deve nortear a produção e a disseminação desse conhecimento. A ética, nesse sentido, não é apenas uma questão de seguir regras formais ou evitar fraudes; é, sobretudo, um compromisso com a integridade da ciência e com o impacto que ela tem na sociedade, enfim, com os valores que atravessam a divulgação da ciência.

Garantir essa integridade significa, portanto, evitar manipulações que possam distorcer a compreensão pública ou influenciar decisões políticas e sociais de maneira injusta. Significa, também, reconhecer e mitigar os potenciais danos que a divulgação irresponsável pode causar, especialmente em contextos em que o conhecimento científico é utilizado para justificar ações que afetam diretamente a vida das pessoas.

A esfera ética exige, desse modo, dos cientistas e dos divulgadores uma postura de responsabilidade tanto em relação à veracidade dos dados, quanto em relação ao contexto social e cultural em que esses dados serão recebidos e interpretados. É a partir dessa lente ética que a divulgação científica pode cumprir seu papel de facilitador do acesso da sociedade a conhecimentos que promovam o bem-estar humano e o progresso social.

A integridade científica deve permear todas as etapas da pesquisa, desde o planejamento até a divulgação dos resultados. Para tanto, são necessárias diretrizes rigorosas estabelecidas pelos agentes que planejam e desenvolvem a divulgação — quer sejam pessoas físicas, quer jurídicas — no sentido de conduzir o processo de divulgação com transparência (fontes, etapas de verificação de dados etc.), prevenindo más condutas como plágio, fabricação de dados e conflitos de interesse não declarados. As diretrizes não asseguram as condutas individuais, mas cria uma noção de compromisso ético da equipe para que sejam devidamente aplicadas, protegendo assim a credibilidade das ações de divulgação.

Outra abordagem de questão ética que merece atenção diz respeito à propriedade intelectual e à responsabilidade autoral na divulgação científica, em face dos riscos associados à distorção de ideias e à apropriação indevida de trabalhos alheios. A fragilidade dos sistemas midiáticos, principalmente das mídias digitais, pode ser explorada para a promoção de interesses pessoais ou comerciais, o que compromete a integridade da divulgação séria e responsável. Nesse sentido, deve-se englobar a conscientização de todos os envolvidos no ciclo da divulgação sobre a necessidade de práticas idôneas e transparentes.

PARTE V

TECNOLOGIA E INOVAÇÃO NA DIVULGAÇÃO CIENTÍFICA

5. TECNOLOGIA, MÍDIAS E DIVULGAÇÃO CIENTÍFICA

O termo *mídias* surge em variados momentos das teorias da comunicação com diferentes abordagens. Aqui, assumimos o entendimento de que se trata de qualquer sistema ou tecnologia de comunicação que serve como plataforma de transmissão de informações, ideias e conteúdos entre emissores e receptores. Essa noção expandida vai além do sentido de veículos de comunicação, que caracterizou as primeiras abordagens do termo.

Em 1954, Wilbur Schramm, um dos pioneiros na pesquisa sobre comunicação de massa, ajudou a desenvolver modelos de comunicação que enfatizavam o processo de envio e recebimento de mensagens a partir de meios de comunicação de massa. Nesse período predominava a noção de comunicação de massa, sendo a noção de mídias igual a de veículos, como televisão, rádio e jornais, que se destacavam na disseminação de mensagens para grandes audiências, influenciando a opinião pública e moldando percepções sociais. Em contraste, as teorias mais contemporâneas sugerem que as mídias não são meros veículos (meios) neutros, mas complexos sistemas de comunicação. Esse tipo de entendimento foi central para o pensamento de Theodor Adorno e Max Horkheimer (1985), cuja conceituação de "indústria cultural" tem na ideia de mídia, como veículo, um forte componente para pensar a ideologia dominante e manutenção do status quo.

Um dos saltos no entendimento expandido da noção de mídia se deu com o surgimento do pensamento da Escola de Toronto, mais precisamente na figura de Marshall McLuhan, que introduziu a ideia de que "o meio é a mensagem", em sua célebre obra *Os meios de comunicação como extensões do homem* (1964). Ele argumentava que a mídia ia além do veículo, constituindo-se como forma de mediação entre o sujeito e o mundo, atuando como extensões da corporeidade dos sujeitos e influenciando o modo como os indivíduos percebem e interagem com o mundo.

Essa perspectiva amplia o entendimento das mídias, considerando-as como veículos de informação e como agentes ativos na configuração da experiência humana e das estruturas sociais. Dessa forma, as mídias atuam tanto na propagação de conteúdos quanto na transformação das dinâmicas comunicativas e culturais da sociedade.

Desde então, o conceito de mídia vem se consolidando em um sentido maior, afastando-se cada vez mais da noção de veículo e assumindo o viés de sistema. Em *Cultura da Convergência* (2015), Henry Jenkins postula que o processo de fusão de mídias e modelos midiáticos digitais fazem ruir a própria noção de veículo, que se dissolve em uma abstração entre dispositivos em constante mutação, permitindo maior participação do público. Assim, a incessante fusão de mídias tradicionais enseja uma vagueza cada vez maior em relação à materialidade da mídia.

Adotando, assim, uma perspectiva de mídia como sistema comunicacional para pensar sua evolução, poderíamos estender nossa reflexão desde as tábuas de cera na Roma Antiga até as plataformas digitais contemporâneas. Nessa direção, há um aspecto que parece intrínseco às sociedades humanas no sentido de fazer circular a informação estabelecendo redes de comunicação.

As redes sociais digitais que atualmente parecem estar no centro das questões de mídia e tecnologia envolvendo a divulgação científica, podem ser vistas como herdeiras de processos históricos de evolução comunicacional. No passado, a comunicação e a disseminação de informações eram limitadas pelas tecnologias disponíveis, mas a necessidade de compartilhar conhecimento sempre impulsionou inovações. Hoje, a divulgação científica se beneficia enormemente das tecnologias de mídias sociais, permitindo uma disseminação mais rápida e ampla do conhecimento.

Esse contexto histórico ressalta a importância de reconhecer que, embora as ferramentas disponíveis atualmente pareçam inovadoras, elas são apenas o mais recente desenvolvimento em uma longa história de comunicação social humana. Assim, ao entendermos a evolução das mídias e das tecnologias de comunicação, podemos apreciar melhor o papel que essas ferramentas desempenham na promoção da ciência e na educação pública, reconhecendo que a essência da divulgação científica — compartilhar conhecimento — permanece constante, mesmo que os meios pelos quais o fazemos continuem a evoluir.

Redes de comunicação sofisticadas e estruturadas, respeitando seu espaço e tempo, podem ser encontradas há milhares de anos, se contarmos a emergência da linguagem humana como uma delas. Há cerca de 5.000 anos, a emergência da linguagem escrita, no período Neolítico, representou outro salto evolutivo significativo. A história dos sistemas de escrita cuneiforme e hieroglífica, o uso de escribas e escravos no Império Romano para transmitir mensagens, bem como São Paulo, Martinho Lutero e Thomas Paine em suas missões de informar os grupos de pessoas sobre questões religiosas e políticas urgentes são todos importantes passos nesse trajeto, que não se limita a tais exemplos.

Em *Writing on the wall: Social media — The first 2,000 years* (2013), Tom Standage apresenta uma série de sistemas de mídias sociais que ocorreram em diferentes épocas, lugares e circunstâncias; no entanto, todos os sistemas estão ligados por um tema comum: o compartilhamento de informações de pessoa para pessoa. Nossos hábitos comunicativos hoje apresentam fatores correlatos com raízes históricas surpreendentemente profundas, construídos sobre práticas e convenções que remontam séculos. Retrocedendo no tempo, é possível notar como a mídia ocidental tem suas conexões com o passado. As experiências modernas de mídia social, por mais que nos pareçam únicas e absolutamente disruptivas, são o fruto de uma evolução contínua com fortes e longas raízes no passado.

Rolos de papiro, tábuas de cera, a prensa tipográfica e o Pony Express foram alguns dos incontáveis antecedentes analógicos das mídias sociais digitais de hoje e muito de sua lógica permeia as discussões atuais sobre os aspectos comunicativos do futuro da divulgação científica. Por exemplo, mensagens enviadas por curtas distâncias que exigiam uma resposta rápida durante o reinado de Júlio César, eram escritas com um estilete em tábuas de cera montadas em molduras de madeira que se dobravam como um livro (Figura 5.1). Aos olhos de uma pessoa contemporânea, essas tábuas, com suas superfícies planas de escrita cercadas por uma moldura de madeira, parecem surpreendentemente semelhantes aos *tablet* de hoje. As mensagens eram escritas nessas tábuas arranhando-se a superfície de cera de abelha. Depois disso, eram levadas por um mensageiro e sua resposta seria arranhada do mesmo modo na outra superfície. O mensageiro entregaria a tábua de volta à origem. Assim, após a decodificação da resposta, as tábuas seriam apagadas e reutilizadas, alisando-se a cera com a extremidade plana do estilete. Esse instrumento tinha uma ponta para escrever e outra para apagar, permitindo a reutilização da placa após aquecer a cera, criando assim uma superfície limpa para novas inscrições. Esse processo originou o termo "tábula rasa", que simboliza a capacidade de começar de novo, sem vestígios do passado.

Figura 5.1 – Recriação da tabuleta de cera romana, com *stylus* ao centro

Fonte: Adam McCormick, 2008.

Esse método de escrita era uma ferramenta de registro e uma forma primitiva de comunicação social, especialmente em Roma. A sociedade romana, com suas características específicas, como a concentração de indivíduos em espaços restritos, a disponibilidade de tempo e recursos financeiros e a ausência de preocupações imediatas com saúde ou alimentação, criou um ambiente propício para o desenvolvimento das primeiras redes sociais. Obviamente, essas redes não se baseavam na tecnologia digital, mas na interação direta e na troca de mensagens escritas e verbais, facilitadas pelo uso de *tablets* de cera. No contexto da evolução dos dispositivos de comunicação, a invenção do *tablet* de hoje marca um ponto significativo na história tecnológica, mas certamente inferior a tantas tecnologias que ainda virão aperfeiçoá-lo e superá-lo.

Outro exemplo de sistema de comunicação já presente na Antiguidade estava relacionado ao serviço prestado pelos escribas. Eles eram responsáveis por registrar mensagens ditadas pelos seus contratantes nas tabuletas, acima citadas, que depois eram transportadas aos destinatários. Esse método permitia a troca de múltiplas mensagens ao longo do dia, apesar das limitações físicas impostas pela distância e pela necessidade de transporte manual da época. Curiosamente, a escrita utilizada nessas comunicações era desprovida de pontuação e espaçamento, um contraste marcante com as convenções de escrita modernas. Por outro lado, a ausência de traços gramaticais em prol da aceleração da comunicação, com abreviações para mensagens comuns, evidenciando uma forma antiga de economia linguística e socialização escrita, parece reeditada no uso de emojis, abreviações e fracionamento de frases em múltiplas micromensagens em dispositivos digitais.

Portanto, a vida social em Roma, acessível apenas àqueles que possuíam os meios necessários, era caracterizada pela troca de mensagens escritas e faladas, configurando uma rede social primordial. Esse sistema de comunicação, embora primitivo pelos padrões atuais, reflete a natureza intrinsecamente social do ser humano e prenuncia as complexas redes sociais digitais da contemporaneidade.

Atualmente, presenciamos um deslocamento significativo nas práticas de comunicação, afastando-nos da era do *broadcast*, caracterizada pelo domínio de meios de comunicação massiva como a televisão, o rádio e os jornais, que operam de maneira unidirecional. Esse movimento nos direciona de volta a um paradigma mais antigo, no qual a troca de mensagens ocorria diretamente entre as pessoas, sem a intermediação de grandes veículos de alcance extenso. Nesse sentido, a "inovação" atual parece ser um dos muitos ciclos de flutuações e transformações culturais descritos por Pitirim Sorokin, em *Social & Cultural Dynamics* (1970).

Dentro do contexto das teorias de Sorokin (1970), as flutuações culturais nas mais diversas sociedades seriam regidas por movimentos entre estágios nos quais uma sociedade ou cultura atingiria um ponto de máxima intensidade ou capacidade em relação a certos valores, práticas ou orientações. Essa transição pode se dar entre culturas ideacionais (baseadas em valores espirituais e morais), sensórias (centradas no empirismo e nos sentidos) e ideais (uma síntese dos dois). Um momento de saturação ocorreria quando uma dessas orientações culturais atingisse seu ápice, tornando-se tão dominante que não poderia mais sustentar seu próprio peso, levando a desequilíbrios e à necessidade de mudança.

Nesse sentido, podemos entender que o modelo de comunicação massivo unidirecional teria atingido, até a década de 1980, um ponto de saturação, que iniciou um processo de recomposição, seguindo a lógica de Sorokin (1970), referindo-se ao processo subsequente de reorganização ou transformação cultural e social que ocorre após um período de saturação. Esse ponto de saturação dos modelos massivos parece ter sido impulsionado pela emergência das tecnologias digitais, que promoveram maior compartimentalização dos saberes e hipersegmentação das relações comunicacionais.

Quando uma sociedade se torna saturada com certos valores ou certas práticas, ela pode experimentar uma crise que exige a reavaliação e a reestruturação de suas orientações fundamentais. A recomposição envolveria a formação de uma nova síntese cultural ou social que integre elementos das fases anteriores de maneira mais equilibrada, levando a uma nova fase no ciclo cultural de Sorokin (1970). Este processo de recomposição é fundamental para a evolução e o progresso das sociedades, permitindo-lhes superar crises e encontrar novas direções. A retomada de modelos mais ponto a ponto, mais direcionados a segmentos, parece, nesse sentido, uma nova síntese para modelos de comunicação ancestrais.

Sorokin (1970) via a história e a cultura como cíclicas, com sociedades movendo-se entre esses estados ideacionais e sensórios, e eventualmente alcançando um equilíbrio ideal. A saturação e a recomposição da cultura comunicacional e suas práticas se alinham com essa visão cíclica, representando os mecanismos pelos quais as sociedades se transformam e se adaptam ao longo do tempo.

A emergência e a evolução de plataformas digitais como Instagram, WhatsApp, e YouTube, apesar de revolucionarem as formas de interação, não constituem uma inovação absoluta na essência da comunicação humana. Ao contrário, elas representam a continuidade de um processo histórico de conexão e interação social. As incertezas quanto à permanência dessas plataformas digitais no cenário tecnológico contemporâneo destacam a volatilidade dos meios, entendidos aqui como dispositivos culturais, mas não da prática social subjacente, que persiste independentemente dos veículos utilizados, que são remediados continuamente.

O conceito de "remediação", conforme articulado por Jay David Bolter e Richard Grusin em sua obra *Remediation: Understanding New Media* (2000), refere-se ao processo pelo qual novas mídias absorvem, refazem e reestruturam as características das mídias anteriores. Essa teoria sugere que todas as novas formas de mídia são, de fato, reconfigurações de mídias anteriores, em termos de conteúdo e das práticas culturais e sociais que elas engendram. A remediação é um fenômeno central na evolução da comunicação, descrevendo o modo como cada nova tecnologia de mídia reformula a relação entre o sujeito e os modos de representação. Bolter e Grusin (2000) destacam duas estratégias principais de remediação: a *transparência*, na qual a mídia busca desaparecer para o usuário, proporcionando uma experiência imersiva, e a *hipermediacidade*, que enfatiza a natureza da mídia, tornando-a visível e fragmentada. Esse conceito é fundamental para entender como as mídias digitais e interativas de hoje reinterpretam e transformam as mídias tradicionais, gerando novas formas de expressão e interação.

A prática de deixar mensagens em murais, por exemplo, remonta a tempos antigos, quando as paredes serviam como espaços para o compartilhamento de informações, convites, propaganda e até mensagens pessoais. Exemplos históricos incluem as inscrições em Pompeia, onde mensagens de teor político, comercial, e até de caráter pessoal, como convites para encontros, eram gravadas nas paredes das cidades. Essa forma de comunicação evidencia a continuidade da necessidade humana de expressar pensamentos, sentimentos e informações no espaço público, um precursor direto das modernas "postagens" em redes sociais.

A analogia entre as práticas comunicativas da Roma Antiga e o uso contemporâneo de redes sociais digitais é uma provocação para reflexão. Certamente, não há uma relação direta de causa e consequência determinista. Pensar os ciclos à luz do pensamento de Sorokin (1970), permiti-nos colocar foco sobre a noção equivocada — mas bastante presente no senso comum — de que vivemos a panaceia tecnológica na contemporaneidade, com inovações nunca antes experimentadas em qualquer grau. Tal equívoco leva à perda do horizonte evolutivo das culturas humanas e das mídias como produtos culturais que são.

O método de colocar em perspectiva as flutuações e as transformações da cultura nos permite estender a reflexão a outros produtos culturais que dialogam com a divulgação científica, para melhor os compreendermos na ecologia midiática contemporânea. Isto é, como objeto inserido em um campo de estudo atravessado por complexas interações entre os meios de comunicação e seus ambientes, abrangendo aspectos sociais, culturais, tecnológicos, políticos e econômicos.

A questão tecnológica não se resume aos aparatos e recursos. Diz respeito também, e indissociavelmente, aos processos cognitivos implicados. Está também inscrita em questões sobre os modos de perceber e entender a realidade em que vivemos. Os meios de comunicação não são simplesmente canais para a transmissão de informações, mas ambientes vivos que exercem profunda influência sobre a percepção, os valores, as relações sociais e a organização da sociedade. A interconexão e a interdependência entre diferentes meios de comunicação, a relação recíproca entre tecnologia e sociedade, a concepção de mídia como ambientes que moldam nosso modo de pensar, sentir e agir, as dinâmicas de poder dentro desses ambientes, o papel da mídia na formação de identidades e comunidades, e seu impacto na mudança cultural são pontos importantíssimos no estudo das mídias tanto em si mesmas quanto em relação a outros campos, como no caso da divulgação científica.

Não é raro encontrar em estudos de divulgação científica uma visada superficial e claudicante do papel do meio na transmissão da mensagem, ou seja, ainda ecoa certa visão hipodérmica, segundo a qual o uso de uma determinada mídia nova importa no atingimento dos fins desejados por si só, alheios à ecologia das mídias, ao meio como linguagem. Não basta saber de/codificar uma mensagem para ter domínio da linguagem. É importante estar na linguagem, vivenciá-la e estar atento ao fato de que o meio usado afeta a mensagem que desejamos trabalhar, que o meio usado — na qualidade de linguagem — precisa ser dominado e articulado para que comunique plenamente.

A noção de mídia como linguagem foi amplamente explorada por Marshall McLuhan, especialmente em *Os Meios de Comunicação como Extensões do Homem* (1964, 2019). Ele argumentava que cada meio de comunicação, seja ele impresso, visual, eletrônico ou digital, detém sua própria "gramática" e modos de expressão, influenciando a forma como a informação é transmitida, como é percebida e compreendida pelo público. Para McLuhan (1964, 2019), entender os meios de comunicação como linguagens significava reconhecer que eles não são canais neutros de transmissão de informações; ao contrário, eles moldam ativamente o conteúdo e têm profundas implicações culturais e sociais.

O entendimento de McLuhan (1964, 2019) sobre a natureza linguística da mídia foi também desenvolvido, de forma complementar, pelo semioticista e crítico literário Roland Barthes (2009), que explorou como diversos sistema de signos (incluindo a mídia) funcionam como formas de linguagem que comunicam e produzem significado dentro da cultura. Para ele, a fotografia, o cinema, a televisão e outros mantêm uma natureza linguística.

Em *Mitologias* (2009), Barthes examina como a cultura popular e os meios de comunicação, incluindo a publicidade, o cinema e a fotografia, criam mitos que refletem e perpetuam as ideologias da sociedade. Nesse sentido, percebe a mídia e outros objetos culturais como linguagens que comunicam significados além do seu conteúdo superficial. Direção essa que ele complementa, em 1980, com a publicação de *A Câmara Clara* (1984), em que se concentra na questão da natureza da fotografia e seu impacto emocional e cultural, explorando o modo como a fotografia, como linguagem, é capaz de significar a realidade e, ao mesmo tempo, criar sentidos de realidades, constituindo-se assim como um sistema significante que transmite mensagens complexas e evoca memórias e emoções.

Ao analisar como a mídia influencia e é influenciada pelo contexto em que opera, a ecologia midiática contemporânea pode contribuir para a divulgação científica auxiliando na compreensão das maneiras pelas quais a mídia configura e é configurada pelas dinâmicas sociais e culturais atuais. Trata-se de um aspecto que atravessa variados agentes atuantes na divulgação de ciências, desde pesquisadores, educadores, formuladores de políticas a profissionais da comunicação que atuam na seara da divulgação.

As próprias noções de celebridades e entretenimento que temos muitas vezes como aspectos contemporâneos de relevo para a divulgação científica em um mundo altamente midiatizado, não é efetivamente um processo cultural hodierno. Assim como hoje as figuras públicas utilizam plataformas digitais para se conectar com seu público, na Roma Antiga, eventos como corridas de bigas no Circo Máximo e espetáculos no Coliseu serviam como meios de entretenimento massivo, promovendo figuras esportivas e artistas da época. Esses eventos, além de oferecerem diversão, funcionavam como importantes veículos de comunicação social, consolidando a cultura e os valores romanos, similarmente aos papéis desempenhados pela mídia de massa e pelas redes sociais na sociedade contemporânea.

A análise da evolução dos meios de comunicação revela que as práticas atuais de interação social digital não são fenômenos isolados ou novidades absolutas, mas sim uma reiteração de comportamentos comunicativos intrínsecos à natureza humana. A transição dos meios de comunicação de massa para as plataformas digitais interpessoais reflete uma mudança tecnológica e uma redescoberta das formas fundamentais de conexão e expressão social.

A Roma Antiga, com suas arenas e espetáculos, evidencia um fenômeno de massa que espelha, de certa forma, a dinâmica contemporânea de audiências e celebridades. O Circo Máximo, capaz de acomodar entre 150 mil a 250 mil espectadores, representava um terço da população adulta de Roma, uma escala comparável aos picos de audiência de grandes eventos televisivos atuais. A diferença fundamental residia na interação direta entre o público e os protagonistas dos eventos, os atletas, que alcançavam status de celebridades máximas, com riquezas que rivalizam, e até superam, as de ícones esportivos modernos quando ajustadas pela inflação.

Esse fenômeno não se limitava apenas à admiração e ao reconhecimento público dos talentos dessas figuras, mas estendia-se ao campo de atividades mercantis. Exemplos disso incluem a venda de estatuetas representando gladiadores ou atletas, similares às modernas *action figures*, e lamparinas de óleo decoradas com imagens de heróis da arena, uma forma de mercadoria que antecipa os produtos temáticos baseados em personagens populares de hoje. Essas práticas comerciais demonstram a existência de uma "protocultura de consumo" baseada em figuras públicas e eventos de entretenimento, sugerindo paralelos diretos com o *marketing* de celebridades e a mercadoria associada a ícones culturais contemporâneos.

A promoção de produtos associados a celebridades, como o óleo (azeite) usado por gladiadores, evidencia estratégias seminais assemelhadas do que hoje chamamos de *marketing*, explorando a influência e o apelo dessas figuras precursoras das modernas celebridades. Embora estejamos pinçando sinalizações de fenômenos culturais que evidenciam matrizes da construção simbólica humana na Antiguidade Clássica, pela farta quantidade de evidências históricas, estratégias similares podem ser encontradas em diversas culturas. Assim, tomamos a Roma Antiga como caso valioso para evidenciar o fenômeno de influência, que, apesar de não ser digital, compartilha muitas características com as dinâmicas de influenciadores de hoje.

5.1 A revolução do impresso

Avançando no tempo, a prática da panfletagem e a utilização de espaços públicos para a troca de mensagens marcaram o início de outra forma de rede social, que se consolidou com a invenção da prensa móvel, por Johannes Gutenberg, por volta de 1440. Esse momento revolucionou a produção de textos impressos, tornando-os mais acessíveis e baratos de produzir. Antes dela, os livros eram copiados à mão, um processo demorado e caro que limitava severamente a quantidade de cópias e a disseminação de informações.

Com a prensa móvel (Figura 5.2), foi possível produzir rapidamente grandes quantidades de textos impressos, incluindo panfletos, que, por sua natureza, são publicações de poucas páginas, destinadas à distribuição ampla e à leitura rápida, frequentemente baseados em temas específicos. A facilidade e a velocidade de produção proporcionadas pela prensa móvel permitiram que os panfletos se tornassem um meio eficaz para a disseminação rápida de ideias, opiniões e informações, alcançando um público muito mais amplo do que antes.

Figura 5.2 – Prensa de tipos móveis, de 1811, em exposição em Munique, Alemanha

Fonte: Wikimedia Commons, 2006. Licença: CC BY-SA 3.0.

Esse período viu o surgimento dos primeiros jornais, originários de panfletos que eram distribuídos e exibidos em locais de encontro comuns, como igrejas e mercados. A capacidade de disseminar informações e ideias por meio de impressos facilitou a formação de comunidades de debate e discussão, antecipando as redes sociais baseadas em interesses compartilhados que observamos hoje. A ação de Martinho Lutero, ao publicar suas 95 teses contra as práticas da Igreja Católica, é um exemplo do uso da mídia impressa para divulgação e disseminação de ideias. No caso de Lutero, sua ação foi amplificada pela tecnologia da prensa móvel, desencadeando a Reforma Protestante, e ilustra o poder da comunicação escrita em construir opinião pública e catalisar movimentos sociais.

A evolução dos meios de comunicação, desde as práticas de circulação de informação na Roma Antiga até a panfletagem e o uso da prensa móvel na Europa medieval e moderna, revela a constante busca humana por formas de expressão, conexão e influência. Esses fenômenos históricos, ao serem considerados em conjunto, fornecem uma perspectiva enriquecedora para analisarmos o fenômeno das redes sociais contemporâneas, demonstrando que, embora as tecnologias evoluam, os impulsos fundamentais por trás da comunicação e da socialização permanecem consistentes ao longo do tempo.

A prensa de Gutenberg possibilitou, em sua época, a produção de 60 a 200 cópias de um documento em um único dia, uma façanha que mudou radicalmente o potencial de propagação das ideias. Assim como as redes sociais digitais contemporâneas permitem a disseminação rápida de informações para um público vasto e geograficamente disperso, a prensa possibilitou que as mensagens de Lutero alcançassem um público muito mais amplo do que seria possível com os métodos manuais de cópia. Essa dinâmica, guardadas suas proporções histórico-espaciais, é comparável à funcionalidade de encaminhamento de mensagens em plataformas atuais como o WhatsApp, por meio da qual um único usuário pode rapidamente divulgar informações para centenas de outras pessoas, ampliando exponencialmente o alcance de qualquer mensagem.

Esse recorte histórico ilustra uma transição do poder comunicativo, do monopólio eclesiástico e aristocrático, representando uma mudança paradigmática na disseminação de informações e no controle sobre as narrativas públicas. Comparado com os modelos anteriores, a prensa móvel democratizou a produção de informação, transferindo o controle do discurso dos poucos para muitos, inaugurando uma era de comunicação de duas vias. Os indivíduos passaram a poder consumir informações, bem como criar e compartilhar suas próprias mensagens, uma precursora da interatividade que caracteriza as redes sociais modernas. A democratização ou a passagem de poucos para muitos se refere a gradações dentro de grupos privilegiados, todavia sem esses passos os avanços seguintes não existiriam. Além disso, a proporção entre os poucos e os muitos foi estrondosa para a época.

A evolução subsequente para prensas a vapor e outros avanços na tecnologia de impressão continuou a expandir o alcance e a velocidade da comunicação, pavimentando o caminho para os modernos meios de comunicação de massa. No entanto, a essência dessa transformação permaneceu: a capacidade crescente para indivíduos e grupos disseminarem suas ideias e responderem aos discursos dominantes. Esse processo histórico destaca a natureza cíclica da comunicação humana, em que cada nova tecnologia amplifica a capacidade de compartilhar, debater e influenciar o discurso público, reiterando o papel central da informação e da comunicação na sociedade.

> A revolução do nosso presente é, com toda certeza, mais que a de Gutenberg. Ela não modifica apenas a técnica de reprodução do texto, mas também as próprias estruturas e formas do suporte que o comunica a seus leitores. O livro impresso tem sido, até hoje, o herdeiro do manuscrito: quanto à organização em cadernos, à hierarquia dos formatos, do libro da banco ao *libellus*; quanto, também, aos subsídios à leitura: concordâncias, índices, sumários etc. Com o monitor, que vem substituir o códice, a mudança é mais radical, posto que são os modos de organização, de estruturação, de consulta do suporte do escrito que se acham modificados. Uma revolução desse porte necessita, portanto, outros termos de comparação (Chartier, 1994, p. 187).

Essa transformação tecnológica cultivou o terreno para a emergência do fenômeno dos jornais impressos com um poder sem precedentes para moldar a opinião pública. A velocidade e a escala da distribuição de notícias tomaram uma amplitude que em certos casos se estabeleceram como práticas culturais amplamente disseminadas no cotidiano urbano. O alcance de alguns jornais ultrapassava fronteiras nacionais e internacionais (Figura 5.3).

Figura 5.3 – Penetração social do jornal impresso

Fonte: Vintage Everyday, 2018.

No Brasil, a história do *Correio Braziliense*, considerado por muitos o primeiro jornal brasileiro, ainda que impresso em Londres, ilustra a complexa relação entre a imprensa, o poder político e a emergência da opinião pública no período colonial e imperial brasileiro. Hipólito José da Costa, o fundador do jornal, utilizou essa plataforma para criticar o governo português e advogar pela independência do Brasil, evidenciando o papel da imprensa como ferramenta de influência política e social.

A reação da corte portuguesa ao *Correio Braziliense* destaca uma prática recorrente no controle da narrativa pública: a compra da influência jornalística. Ao financiar Hipólito da Costa para que suavizasse suas críticas, a coroa portuguesa manipulou a opinião pública a seu favor, uma estratégia que ressoa em práticas contemporâneas de manipulação midiática. Esse episódio também sublinha a importância do controle sobre os meios de produção e de disseminação da informação, um poder que os governantes procuraram manter por meio da criação de veículos de imprensa oficiais, como a *Gazeta do Rio de Janeiro*.

Nos primeiros periódicos brasileiros, como o *Correio Braziliense* (1808-1822), *Gazeta do Rio de Janeiro* (1808) e *O Patriota* (1913), a divulgação de informações sobre ciência refletia o contexto político, social e cultural da época, marcado pela transição do Brasil Colônia para o Brasil Império e pelos ideais iluministas de progresso e razão. Esses periódicos desempenharam um papel fundamental na disseminação de conhecimento científico, bem como na promoção de debates sobre educação, agricultura, medicina e tecnologia, entre outros temas relevantes para o desenvolvimento do país.

O *Correio Brasiliense* tinha um caráter mais político e crítico, mas também dedicava espaço à ciência e à tecnologia, discutindo inovações e ideias iluministas que pudessem contribuir para o progresso social e econômico do Brasil. A divulgação científica, nesse contexto, estava atrelada à visão de que o conhecimento era um motor para a modernização e a independência.

Já a *Gazeta do Rio de Janeiro* foi o primeiro jornal a ser impresso no Brasil, marcando o início da imprensa regular no país. Assim como o *Correio Brasiliense*, seu conteúdo era predominantemente político e oficial, porém de igual modo também incluía informações sobre descobertas científicas, inovações tecnológicas e notícias de interesse cultural. A "Gazeta" servia como um veículo para o governo português, então transferido para o Brasil, divulgar suas realizações e promover a imagem de um império ilustrado e em progresso.

Por fim, *O Patriota*, publicado pela Impressão Régia no Rio de Janeiro, destacava mais explicitamente temas ligados à cultura, à educação e às ciências. Esse periódico visava promover o desenvolvimento intelectual e técnico do Brasil, apresentando artigos sobre agricultura, medicina e ciências naturais. Ele refletia o esforço de intelectuais brasileiros em criar uma base de conhecimento científico que pudesse sustentar o avanço da nação.

Nesses periódicos, a ciência era frequentemente apresentada como um elemento-chave para o progresso e para a modernização da sociedade brasileira. Refletiam, portanto, o otimismo iluminista na razão e no conhecimento como ferramentas para melhorar a vida das pessoas e para o desenvolvimento econômico e social. A divulgação científica nesses primeiros jornais brasileiros estava, portanto, imbuída de um projeto político e cultural de construção nacional, em que a ciência e a tecnologia eram vistas como fundamentais para a emancipação e a identidade do Brasil.

Durante a pandemia da gripe espanhola, que atingiu o Brasil em 1918, os jornais impressos foram centrais para a disseminação de informações e na mobilização da população. Vale lembrar, que no Brasil, o rádio somente começou a se popularizar a partir de 1920, ainda em seu estágio embrionário. Por outro lado, os jornais foram amplamente usados para transmitir informações sobre a doença, medidas de prevenção e higiene e orientações das autoridades de saúde. Ajudaram, assim, a levar informações científicas sobre o tema a um público mais amplo, especialmente em áreas urbanas, disseminando mensagens de saúde pública de forma rápida e eficaz.

Eles publicavam notícias sobre o avanço da doença, estatísticas de casos e mortes, e informações sobre as medidas adotadas pelo governo e autoridades sanitárias para combater a propagação do vírus. Além disso, veiculavam artigos de opinião, editoriais e cartas de leitores que refletiam as diferentes perspectivas e reações da sociedade em relação à pandemia. A imprensa escrita foi, assim, meio essencial para informar, educar e mobilizar a população durante a crise da gripe espanhola no Brasil, contribuindo para os esforços de contenção da doença e para a promoção de práticas de saúde pública.

Essa face da divulgação científica por meio impresso, no Brasil, auxiliou o desenvolvimento posterior da imprensa científica e da comunicação de ciência no país, marcando o início de um longo processo de popularização do conhecimento científico entre o público brasileiro. Entretanto, o desenvolvimento inicial da imprensa no Brasil, bem como em outras partes do mundo, foi marcado por uma clara vinculação partidária e ideológica. Os jornais, nessa fase inicial, serviam principalmente como instrumentos de propaganda política, seja para apoiar, seja para criticar governos e figuras públicas. Essa realidade só começou a mudar com a introdução da publicidade e dos classificados como fontes de receita para os jornais, impulsionando uma gradual transição para uma postura editorial mais neutra. A necessidade de atrair um espectro mais amplo de anunciantes e leitores levou à adoção de padrões jornalísticos mais imparciais, separando a captação de recursos da redação de conteúdo.

Esse processo de profissionalização e busca por imparcialidade, exemplificado pelo *New York Times* e outros veículos que se estabeleceram como referências de jornalismo de qualidade, reflete a evolução no entendimento da função social da imprensa. No entanto, a origem dos jornais como ferramentas de disputa e de influência ressalta a natureza intrinsecamente política dos meios de comunicação. Mesmo com o avanço profissional e ético no jornalismo, a imprensa continua a ser um espaço de poder e influência, em que as narrativas são construídas, disputadas e disseminadas, inclusive as narrativas científicas. Claro exemplo disso foram as disputas de narrativas sobre a COVID-19 durante a pandemia de 2020.

A lição histórica dos jornais, portanto, não é sobre a evolução técnica e editorial, mas sobre o reconhecimento de seu papel como agentes de poder na sociedade. Ao considerar a comunicação e a divulgação, é fundamental lembrar que todas as formas de mídia operam dentro de contextos políticos e sociais, influenciando e sendo influenciadas por eles. A busca por isenção e imparcialidade, embora seja um ideal jornalístico contemporâneo, não apaga a natureza política inerente à comunicação. Assim, a história das mídias serve como um lembrete contínuo sobre a importância da vigilância crítica e da responsabilidade na produção e no consumo de informações, incluindo a científica.

Com o desenvolvimento do telégrafo, no século XIX, a capacidade de comunicação foi elevada a um novo patamar, introduzindo a possibilidade de comunicação instantânea, ou quase instantânea, a distância. Pela primeira vez na história, as informações podiam viajar mais rápido do que as pessoas ou qualquer outro meio físico anteriormente utilizado. Isso significou que os relatos de eventos, incluindo os desdobramentos em campos de batalha distantes, podiam ser divulgados quase em tempo real, alterando significativamente a percepção pública e a narrativa histórica desses eventos. A capacidade de reportar acontecimentos antes restritos às versões oficiais dos governos ou de outras autoridades estabelecidas minou a habilidade deles em controlar as narrativas sobre variados fatos. As consequências dessas mudanças foram profundas: em contextos de guerra, por exemplo, enquanto narrativas heroicas ou versões oficiais poderiam ter mascarado derrotas ou minimizado desastres, o telégrafo permitia que reportagens independentes revelassem verdades inconvenientes, oferecendo uma perspectiva alternativa e, muitas vezes, contestadora.

A invenção do telégrafo é o marco de uma revolução na comunicação humana. Os impactos desse avanço tecnológico atingiram também a comunicação científica, pois, pela primeira vez, descobertas e avanços científicos podiam ser compartilhados rapidamente entre pesquisadores e instituições ao redor do mundo. Esse fato acelerou o processo de validação e disseminação do conhecimento científico, permitindo que as comunidades científicas colaborassem e construíssem redes de trabalho com trocas de saberes e perspectivas entre pesquisadores de maneira mais eficaz em relação a como eram estabelecidas essas colaborações.

Essa tecnologia desempenhou, também, um papel importante na democratização do acesso à informação científica. Com a capacidade de transmitir notícias e descobertas científicas em um tempo aceleradíssimo, o público, em áreas geográficas distantes, passou a ter acesso mais rápido e amplo a informações que antes estavam confinadas a círculos acadêmicos restritos. Isso contribuiu para aumentar o interesse e a compreensão de novos públicos para as ciências, bem como para a formação de uma sociedade mais informada e engajada em questões científicas. Além disso, estimulou o desenvolvimento de outras tecnologias de comunicação, como o telefone e o rádio, que continuaram a transformar a maneira como a ciência era comunicada e divulgada. Em última análise, seu legado perdura até hoje na forma remediada como compartilhamos e acessamos o conhecimento científico.

Essas inovações tecnológicas transformaram radicalmente a estrutura social e a política, deslocando o poder de quem controlava os meios tradicionais de comunicação para aqueles que dominavam as novas tecnologias de impressão e transmissão. O jornalismo, em particular, emergiu como uma força poderosa na sociedade, capaz de influenciar a opinião pública e desafiar autoridades estabelecidas. A prensa a vapor e o telégrafo, portanto, mudaram a forma como as informações eram disseminadas e redefiniram as relações de poder dentro da sociedade, destacando o impacto profundo das tecnologias de comunicação na história humana. E, nesse sentido, as próprias estruturas e hierarquias do poder simbólico do campo científico foram impactadas. Noções ainda correntes como fator de impacto de periódicos têm íntima relação com essa mudança de perspectiva trazida pela evolução comunicacional e seu poder simbólico, ou seja, um tipo de poder que se exerce sobre as pessoas com a sua cumplicidade, baseado no reconhecimento tácito das distinções e da autoridade imbuída em certos tipos de capital (cultural, social, econômico etc.), conforme discutido por Pierre Bourdieu (2012).

O fator de impacto é uma métrica utilizada para avaliar a importância de uma revista científica dentro de seu campo de estudo, baseando-se na média de citações recebidas por artigos publicados na revista durante um período específico. Essa métrica tornou-se importante porque serve como indicador da relevância e da qualidade percebida da pesquisa publicada, influenciando decisões relacionadas à publicação de trabalhos, à alocação de fundos para pesquisa e ao reconhecimento acadêmico de pesquisadores e instituições. Ele é frequentemente utilizado por acadêmicos e instituições como critério para avaliar o prestígio e a contribuição de pesquisadores para seu campo, afetando decisões de contratação, promoção e financiamento.

No entanto, o fator de impacto enfrenta críticas significativas devido a seus problemas e obstáculos. Uma das principais críticas é que ele pode não refletir adequadamente a qualidade ou o impacto real de pesquisas individuais, pois se baseia em médias que podem ser influenciadas por um pequeno número de artigos altamente citados. Além disso, ele pode incentivar práticas editoriais que visam aumentar artificialmente as citações, em detrimento da promoção de pesquisas inovadoras e diversificadas. Outro problema é a sua contribuição para a hierarquização e concentração da publicação científica em um número limitado de periódicos considerados de "alto impacto", o que pode limitar a visibilidade de pesquisas importantes publicadas em revistas com fatores de impacto menores.

Inobstante tais restrições, a noção de fator de impacto também alicerça relações de poder simbólico no campo científico. Trata-se de uma noção que se estabeleceu, principalmente, em face da percepção de que a amplitude de circulação de determinados periódicos científicos os colocaria à frente, em termos de alcance e autoridade, de seus pares. Ele serve como instrumento de distinção e legitimação, reforçando a autoridade de certas revistas, pesquisadores e instituições. Certamente, há implicações diversas decorrentes dessas relações de poder. Isso cria, por exemplo, um ciclo em que recursos, reconhecimento e oportunidades são concentrados nas mãos de quem já detém capital científico, perpetuando desigualdades existentes no campo acadêmico. Assim, o fator de impacto reflete e molda a estrutura de poder dentro da ciência, influenciando quais pesquisas são realizadas, publicadas e reconhecidas, e quais não. A dependência dessa métrica revela e reforça a competição por prestígio e recursos no meio acadêmico, destacando a necessidade de abordagens mais holísticas e equitativas para avaliar a pesquisa científica. O impulso midiático foi essencial para esse processo.

5.2 A era do rádio

No início do século XX, o desenvolvimento do rádio representou uma nova revolução na maneira como a informação era compartilhada e consumida, impactando profundamente diversos segmentos, incluindo a divulgação de ciências. Antes da era do rádio, a disseminação do conhecimento científico estava majoritariamente restrita a publicações impressas, como jornais, revistas especializadas e livros, acessíveis principalmente ao público letrado. Com a invenção do rádio, a ciência encontrou um novo veículo capaz de alcançar um público muito mais amplo e diversificado, transcendendo as barreiras da alfabetização, da geografia e da classe social.

A importância do rádio para a divulgação científica reside tanto na sua capacidade de alcançar uma audiência extensa, quanto na sua habilidade de humanizar a ciência, tornando-a mais acessível e compreensível para o público geral. Programas de rádio dedicados à ciência, que frequentemente incluíam entrevistas com cientistas, discussões sobre descobertas recentes e explicações de conceitos complexos em linguagem simples, ganharam relevo como canais de popularização do conhecimento científico. Esses programas ajudaram a construir uma ponte entre a comunidade científica e o público, promovendo maior compreensão e apreciação pela ciência entre as massas.

Iniciativas educacionais começaram a surgir nas primeiras décadas do século XX tendo o rádio como suporte. A primeira faculdade a experimentar o uso do rádio para transmissão de conteúdos educacionais, com sinal de rádio próprio, foi a Union College, de Schenectady (NY). Ela iniciou seus primeiros experimentos com rádio por volta de 1915, permitindo que o professor de física Dr. Peter I. Wold, ministrasse uma aula para a audiência da rádio. Em 1920, abrigava uma das primeiras estações de rádio amadoras licenciadas em faculdades do mundo, a 2ADD (Figura 5.4). Em 1922, obteve uma licença formal do Departamento de Comércio dos Estados Unidos sob o indicativo de chamada WRL.

Figura 5.4 – Setup da rádio da Union College, em 1920

Fonte: Union College. Domínio Público.

Outras instituições reivindicam o pioneirismo no uso do rádio na educação. Por exemplo, a Universidade de Wisconsin, que iniciou transmissões em 1915 com a estação 9XM, que, em 1922, tornou-se a WHA. De fato, a WHA é considerada uma das estações pioneiras nos Estados Unidos, estando ainda ativa; todavia, não há registos que atestem a existência de transmissões de áudio com conteúdo educacional ou científico antes de 1921, tendo comprovação de suas ações acadêmicas somente a partir de 1922 (Figura 5.5).

Figura 5.5 – Foto publicada na página 21, da edição de julho de 1922, da revista Popular Radio

Fonte: Wikimedia Commons, 2016. Domínio público.

O fato é que o entusiasmo pelo rádio para a divulgação de conteúdo educacional esteve intimamente relacionado com essas iniciativas pioneiras. Logo, o rádio foi visto como tecnologia potencialmente transformadora para a educação, sendo a primeira tecnologia em tempo real para distribuição acadêmica para muitas pessoas. Trata-se de um dos primeiros momentos em que o saber científico ocupa o espaço semiótico de uma faixa alargada de grupos sociais fora do ambiente educacional.

Em 1924, a estação de rádio WLS, de Chicago, iniciou a transmissão de *The Little Red Schoolhouse of the Air*, um dos primeiros esforços para levar educação às massas a partir do novo meio. O experimento foi financiado pela *Sears, Roebuck and Company*, que ofereceu aos educadores de Chicago e do Condado de Cook a oportunidade de alcançar dezenas de milhares de estudantes com lições em toda a sua área de cobertura. O experimento acabou fracassando depois que seu principal articulador, B. H. Darrow, mudou de emprego, entretanto Darrow acabou se tornando uma das principais referências no movimento de educação por rádio nos Estados Unidos.

A Grande Depressão levou muitas estações de rádio universitárias ao silêncio em decorrência das pressões orçamentárias. Em 1930, o estado de Wisconsin começou a fornecer financiamento tanto para a WHA quanto para a WLBL expandirem suas ofertas educacionais. No outono de 1931, a *Wisconsin School of the Air* ofereceu 10 programas semanais destinados a complementar os currículos do ensino fundamental. Outros programas abordavam públicos relacionados ao governo, agricultura e donas de casa.

A partir da década de 1940, apesar da retração das rádios universitárias, rádios comerciais como a *British Broadcasting Corporation* (BBC), no Reino Unido, e a *National Broadcasting Company* (NBC), nos Estados Unidos, iniciaram ações pioneiras na utilização do rádio para fins educativos, incluindo a transmissão de conteúdo científico e cultural para o público. Essas iniciativas aproveitavam o alcance e a acessibilidade do rádio para fornecer educação e enriquecimento cultural a uma audiência ampla e diversificada.

A *NBC University Theatre* (também conhecido como *NBC University Theater of the Air*, *NBC Theater of the Air* ou *NBC Theater*) foi uma série de rádio inovadora, lançada na década de 1940. Inicialmente, os programas baseados em Chicago, na WMAQ, tinham o título *The World's Great Novels*. Eram uma produção da *NBC University of the Air*, desenvolvida por meio de acordos entre a NBC, a Universidade de Louisville, a Universidade de Tulsa, o Kansas State Teachers College e o Washington State College, que chegava a gerar créditos universitários para os ouvintes, por meio de cursos de literatura credenciados e assistidos por rádio. Essas produções duraram de 1944 a 1948, transmitidas pela NBC. O programa foi reformulado em 1948, recebendo finalmente a denominação *NBC University Theatre*, e continuou a ser transmitido até 14 de fevereiro de 1951, mantendo seu objetivo de promover a educação, oferecendo uma forma de educação superior acessível a partir do meio de comunicação de massa. A série era conhecida por suas produções de alta qualidade, contando com a participação de atores talentosos e respeitados, além de uma produção cuidadosa que visava preservar a integridade das obras originais.

Além do entretenimento e da educação literária, o programa também colaborou com instituições de ensino superior, permitindo que os ouvintes participassem de cursos de extensão universitária por correspondência. Estabeleceu, assim, um modelo de parceria inovadora entre a radiodifusão e a educação superior. Esse modelo abriu as portas para futuras iniciativas educativas no rádio e em outros meios de comunicação criando uma ponte entre o conhecimento acadêmico e a sociedade.

A série de palestras de rádio organizada pela BBC, conhecida como *The Reith Lectures*, iniciada em 1948, com a transmissão da palestra *Authority and the Indidual,* com Bertrand Russel, é um exemplo de ações de divulgação na comunicação radiofônica. Embora essa série tenha começado após o período inicial do rádio, ela exemplifica o compromisso contínuo com a educação pública e a divulgação científica viabilizada pelo desenvolvimento do rádio. As *Reith Lectures* abordavam ampla gama de tópicos, incluindo ciência, tecnologia, história, filosofia e artes, apresentadas por especialistas renomados em seus respectivos campos.

Essas iniciativas revelam um entendimento compartilhado do valor do rádio como uma ferramenta educacional capaz de transcender barreiras geográficas e socioeconômicas para alcançar um público vasto e variado. O uso do rádio para a educação e a divulgação científica no século XX contribuíram para o estabelecimento de algumas das bases para as práticas modernas de comunicação científica, como o dialogismo, destacando o papel essencial dos meios de comunicação na promoção do conhecimento e no estímulo ao interesse público pela ciência.

Lars Christensen, em *The Hands-On Guide For Science Communicators: A Step-By-Step Approach to Public Outreach* (2007), descreve como o rádio, ao lado de outros meios de comunicação, contribuiu para moldar a percepção pública da ciência e dos cientistas ao longo do século XX. Ele destaca que o rádio é uma das grandes mídias eletrônicas e depende muito da narrativa e dos cenários sonoros. A parte escrita ou não visual de um comunicado de imprensa é o componente principal para atrair o interesse das emissoras de rádio em uma história, porque as histórias em transmissões de notícias radiofônicas tendem a ser muito curtas (30-40 segundos), portanto o uso da linguagem apresenta o desafio de lançar mão de metáforas adequadas para criar uma imagem na mente dos ouvintes. O autor destaca que alguns programas de rádio de formato mais longo, como o norte-americano *Science Friday*, da National Public Radio, e os programas de ciência da BBC Radio 4, ofereciam uma boa cobertura aprofundada de temas científicos. Todavia, os formatos mais longos não eram característicos do início do rádio. Mais tarde, com o advento do *podcast*, essa configuração foi transformada à medida que os programas passaram a ser consumidos por um público muito específico, interessado no tema científico.

A transição da ciência para o rádio envolveu a necessidade de adaptar conteúdos complexos para um formato auditivo e a limitação de tempo dos programas exigiram dos comunicadores científicos habilidades para sintetizar informações e apresentá-las de maneira clara e envolvente. Além disso, a responsabilidade de retratar a ciência de forma precisa e responsável, evitando simplificações excessivas ou distorções, tornou-se uma preocupação central para os produtores desses programas.

De qualquer modo, o desenvolvimento do rádio abriu novas fronteiras para a divulgação científica, democratizando o acesso ao conhecimento e contribuindo para a formação de uma sociedade mais informada e consciente sobre questões científicas. Ao fazer da ciência parte do cotidiano das pessoas, o rádio foi além da disseminação de informação, pois inspirou vocações em várias pessoas por gerações, reforçando o papel da ciência como um pilar para o progresso e o bem-estar da humanidade.

É importante observar, todavia, que o uso de uma mídia não é em si bom ou mal. O governo nazista, na Alemanha, exemplificou o uso extremo do rádio como ferramenta de propaganda, demonstrando a poderosa influência que a mídia pode exercer sobre a opinião pública. Ao distribuir receptores de rádio e garantir que a programação transmitida se alinhasse com a ideologia do partido, o regime foi capaz de moldar as percepções e as atitudes da população em uma escala sem precedentes. Inclusive transmitindo informações científicas falsas ou duvidosas. Portanto, não é a mídia que é boa ou ruim em si, mas o uso que é feito dela.

5.3 A televisão e o império da imagem

A transição do rádio para a televisão marcou uma evolução natural no controle governamental e corporativo sobre os meios de comunicação. Enquanto o rádio havia se movido de uma plataforma de comunicação bidirecional para uma forma mais regulada e unidirecional de *broadcast*, a televisão nasceu já sob um regime de concessões estritas, dadas preferencialmente àqueles que já possuíam voz no espectro radiofônico. Esse modelo assegurou que a televisão, desde o seu início, fosse dominada por entidades que estavam alinhadas ou eram favoráveis às perspectivas governamentais.

Dessa forma, tanto o rádio quanto a televisão podem ser relacionados com a jornada dos meios de comunicação de plataformas potencialmente de propaganda de políticas governamentais para plataformas mais democráticas e interativas. Esse desenvolvimento destacou a importância crítica dos meios de comunicação na sociedade e a contínua luta entre controle e independência das narrativas públicas, para fins de propaganda, educação ou entretenimento. A influência política e social exercida por proprietários de redes de televisão evidenciava o poder substancial da mídia na formação da opinião pública.

A apresentação da ciência na televisão tem uma história rica e variada, refletindo tanto as mudanças na percepção pública da ciência quanto as evoluções na própria mídia televisiva. Em *Science on American Television* (2013), Marcel LaFollette informa que desde os primeiros dias da televisão, os programas científicos buscaram educar, informar e entreter o público, utilizando o meio visual para tornar a ciência acessível e compreensível para uma audiência ampla. A ciência foi apresentada na televisão de várias maneiras desde os primeiros dias do meio, refletindo tanto as possibilidades quanto os desafios de comunicar temas científicos para um público amplo.

Essa mídia surgiu como força cultural e econômica significativa, gerando expectativas de que melhoraria a educação cívica em temas como a ciência. Programas científicos ofereciam uma mistura impressionante de imagens e ideias científicas, tanto factuais quanto ficcionais. Personalidades como *Mr. Wizard* realizavam experimentos em programas de TV, e os espectadores assistiam a coberturas ao vivo de eclipses solares, explosões de bombas atômicas e acompanhavam astronautas até a lua. Alguns programas como *Miss Goodall and the Wild Chimpanzees,* documentário televisivo com Jane Goodall na selva, que estreou em 1965, e *Cosmos*, com Carl Sagan, de 1980, tornaram-se icônicos.

Apesar das promessas de ser uma excelente maneira de apresentar a ciência a grandes audiências, a televisão acabou sendo uma decepção em alguns aspectos. Desacordos entre cientistas e executivos de televisão limitaram o potencial do meio para engajar-se em uma educação científica significativa. A história da ciência na televisão, desde os anos 1940 até o início do século XXI, demonstra como esses desafios inibiram o potencial educativo da televisão.

No Reino Unido, televisão e ciência tornaram-se proeminentes simultaneamente como fatores influentes na vida pública. O estudo das séries *BBC Horizon* e *The World About Us*, realizado por Timothy Boon e Jean-Baptiste Gouyon (2018), oferece uma visão abrangente da história da ciência na televisão britânica, destaca o fato de que a divulgação de ciência proporcionou uma maneira de experimentar e entender questões científicas e tecnológicas, muitas vezes complexas, de uma forma acessível, auxiliando a interpretação mais contextualizada e fundamentada da percepção pública sobre tópicos científicos.

Boon e Gouyon (2018) verificaram que, inicialmente, a entrada da ciência na televisão britânica se deu como uma comunicação de ciência "de cima para baixo", ou seja, com programas trazendo um fluxo confiável de comentários especializados e relatórios factuais para os lares britânicos.

Posteriormente, a televisão passou a oferecer espaço para os cientistas divulgarem suas pesquisas e contribuições para a sociedade. No período pós-guerra, houve um aumento distinto no interesse dos cientistas pelos meios audiovisuais, tendo a televisão como meio para comunicar o papel positivo e as contribuições da pesquisa científica ao público. No entanto, também houve tensões entre cientistas e radiodifusores sobre o controle e a representação da ciência nos programas, com cientistas muitas vezes desejando ter mais influência sobre como a ciência era mostrada na televisão.

Segundo Boon e Gouyon (2018), para os radiodifusores que migravam para a televisão, fazer programas científicos era mais uma maneira de abordar os interesses da nação em ciência e tecnologia. Por outro lado, para os produtores de programas de televisão, havia uma tendência a enfatizar que seu uso demandava uma especialidade profissional que exigia o uso de uma linguagem diferente do rádio, isto é, voltada para a imagem como elemento de linguagem.

A política da BBC foi expressa em uma palestra pública, em 1966, por Aubrey Singer, destacando que a transmissão da ciência deveria estar nas mãos dos radiodifusores, e o objetivo da programação científica não era necessariamente a propagação da ciência, mas sim o enriquecimento da experiência do público.

Os produtores de programas de ciência e tecnologia na televisão eram frequentemente generalistas e viam a ciência como um assunto que não estava sendo perseguido com energia em outros lugares. Entretanto, com o tempo, a produção de programas de ciência na televisão tornou-se mais especializada, com departamentos dedicados e com uma abordagem mais técnica na estrutura do programa, em vez de simplesmente na pedagogia científica.

Nos Estados Unidos, contudo, após a Segunda Guerra Mundial, havia um otimismo em relação à capacidade das tecnologias de mídia, especialmente a televisão, de informar melhor os cidadãos sobre a ciência. No entanto, a televisão se mostrou cara para produzir e exigia especialistas científicos interessados e capazes de trabalhar com produtores e patrocinadores. Ainda assim, alguns cientistas se voluntariaram para popularizar a ciência, coordenando esforços iniciais como o *John Hopkins Science Review* (1948-1954) e o *Science in Action* da California Academy of Sciences (1950-1966). Esses esforços, porém, muitas vezes eram de curta duração devido a frustrações com a dificuldade de transformar a televisão em ferramenta eficaz de educação científica.

A mídia televisiva, no que tange à divulgação científica, sempre apresentou certa dificuldade e complexidade em apresentar a ciência, equilibrando entretenimento e educação. Não raro o primeiro aspecto suplantou o segundo, revelando os desafios contínuos de comunicar ciência de maneira eficaz para o público geral, mas sem falsear ou cair na construção de um produto raso ou absolutamente ficcional.

No Brasil, a televisão chegou em 1950, com a fundação da TV Tupi por Assis Chateaubriand, marcando o início da era televisiva no país. Nos primeiros anos, a programação era bastante diversificada, incluindo noticiários, programas de entretenimento e dramaturgia, mas com pouca ênfase em conteúdo estritamente educativo ou científico. A ciência, quando apresentada, era frequentemente incorporada em formatos mais amplos de programas educativos ou culturais.

O paulatino surgimento de espaço para a divulgação de ciências na televisão reflete o próprio desenvolvimento do país no campo de ciência e tecnologia. Se, do século XVI ao XVIII, as atividades de divulgação científica sistemáticas e a comunicação das ideias da ciência moderna eram quase inexistentes no Brasil, com uma população pequena e majoritariamente analfabeta, e, no século XVIII, houve censura na imprensa escrita e na publicação de livros, a entrada da televisão revelou um cenário mais promissor, mas ainda de pouca liberdade de comunicação de ideias. O próprio acesso à televisão, no início do século XX, era um privilégio para poucos indivíduos da elite educada.

O padrão inicial da televisão brasileira foi profundamente influenciado pela linguagem do rádio, mas diferenciou-se no sentido de que a televisão era operada, principalmente, por interesses privados, apesar da forte presença regulamentadora do Estado, como concessão pública do governo federal, que exigia o alinhamento com os objetivos políticos e educacionais brasileiros. Ao longo das décadas de 1960 e 1970, houve um período de intensa transformação e crescimento em sua indústria televisiva, o que se refletiu na diversificação de conteúdos transmitidos, incluindo a introdução de programas com foco educativo, os quais serviam indiretamente como forma de divulgação científica.

Esse movimento foi paralelo ao observado em outras partes do mundo, onde a televisão começou a ser vista como uma ferramenta poderosa para a educação e a disseminação do conhecimento científico. A apresentação da ciência na televisão brasileira, entretanto, somente começa a se destacar na década de 1960, período no qual a Organização das Nações Unidas para a Educação, a Ciência e a Cultura (UNESCO) liderou uma campanha em prol do ensino a distância via rádio e televisão nos países em desenvolvimento.

Nas décadas de 1960-70, os espaços para abordar ciências na televisão eram indistintos dos programas educacionais, que abordavam tópicos sobre biologia, física, química etc. A Fundação Padre Anchieta (FPA) empenhava-se na produção de diversos programas educativos, desde sua criação, em 1967. Alguns programas infantis, como *Sítio do Pica-pau Amarelo* e *Vila Sésamo*, eventualmente, incluíam informações científicas em suas narrativas com evidente intuito pedagógico. O *Vila Sésamo*, por exemplo, lançado no Brasil em 1972, era um programa infantil que, entre seus diversos conteúdos educativos, incluía segmentos específicos dedicados à ciência e à natureza. Enquanto isso, o personagem Visconde de Sabugosa era, no *Sítio*, responsável pelas inserções de apontamentos reflexivos baseados em conhecimentos científicos. Todavia, tais ações não constituíam estritamente o que hoje entendemos por ação de divulgação científica, embora, de fato, marcasse a disseminação de conhecimentos científicos por meio da televisão.

Em 1978, foi lançado o *Telecurso 2º Grau*, um programa realizado pela parceria entre a Rede Globo, a Fundação Roberto Marinho (FRM) e a Fundação Padre Anchieta (FPA), sendo veiculado tanto pela Rede Globo quanto pela TV Cultura de São Paulo. O programa oferecia educação básica e continuada para pessoas que não tinham acesso à educação formal ou que desejavam complementar seus estudos. Nele, eram abordados tópicos sobre ciências alinhados com o currículo do ensino médio da época.

Ao longo dos anos, o programa passou por várias fases e formatos, adaptando-se às mudanças tecnológicas e às necessidades educacionais do público. Originalmente, esteve centrado no ensino de segundo grau (equivalente ao ensino médio atual). Mais tarde, foi reformulado e veiculado em diferentes formatos e sob diferentes nomes, como *Telecurso 2000* e *Novo Telecurso*, até os anos 2010.

O *Telecurso* foi um projeto mais voltado para a educação a distância do que para a divulgação científica, mas efetivamente atingia um público que não apenas estudantes do ensino fundamental e médio. Ao alcançar, mesmo que fora de seu escopo primário, um público muito mais vasto, acabava fazendo efetivamente um trabalho de divulgação de ciências. Embora seu foco não fosse exclusivamente científico, o programa desempenhou um papel importante na educação científica de muitos brasileiros, especialmente aqueles que não tinham acesso fácil à educação formal.

Em 1984, surgiu na televisão brasileira um programa dedicado exclusivamente à divulgação científica, no sentido contemporâneo, o *Globo Ciência*. Tratava-se de um programa produzido em parceria com a Sociedade Brasileira para o Progresso da Ciência (SBPC), que visava tornar a ciência acessível ao grande público, abordando temas variados de forma didática.

Pela primeira vez, no Brasil, a ciência era apresentada ao grande público, em um veículo de comunicação de grande penetração social, combinando rigor acadêmico com acessibilidade e entretenimento. O *Globo Ciência* tinha como objetivo principal desmistificar a ciência, tornando-a mais próxima e compreensível para os espectadores. Para isso, adotava uma linguagem clara e direta, sem perder a profundidade dos temas abordados.

Os episódios eram cuidadosamente planejados para cobrir várias áreas do conhecimento, desde física e biologia até temas mais contemporâneos como tecnologia e meio ambiente. A abordagem era sempre dinâmica, com experimentos, entrevistas com especialistas e reportagens que ilustravam os conceitos científicos de forma prática e envolvente.

Um dos aspectos mais notáveis do *Globo Ciência* foi sua capacidade de inspirar curiosidade e admiração pela ciência em uma época em que o acesso à informação não era tão amplo quanto hoje. O programa contribuiu para a instauração de um gênero televiso centrado na popularização da ciência no Brasil, até então inexistente na grade da televisão brasileira. Além disso, desempenhou um papel importante na formação da consciência crítica sobre questões socioambientais, promovendo a educação e a cidadania.

No entanto, apesar de seu sucesso e relevância, o programa enfrentou desafios, especialmente relacionados ao financiamento e à sustentabilidade a longo prazo. A produção de conteúdo científico de qualidade para a televisão requeria investimentos significativos e um tempo de produção pouco condizente com a velocidade e os orçamentos televisivos da época. Assim, a manutenção de um programa como o *Globo Ciência* demandava um esforço contínuo para garantir sua qualidade e atualidade, bem como patrocinadores interessados em falar para o público específico do programa, o que era uma prática pouco estabelecida na época da hegemonia do *broadcast*.

O *Globo Ciência* permaneceu no ar até 1996, deixando um legado, em termos de pioneirismo, para a divulgação científica no Brasil, por ter demonstrado que era possível comunicar ciência de forma atraente e compreensível para o público leigo na televisão, sem comprometer a integridade acadêmica, nem restringir a ciência a uma nota dentro de outros gêneros televisivos. Serviu, assim, como modelo para futuras iniciativas de divulgação científica na televisão e em outras mídias audiovisuais.

Após a década de 2000, diversos programas especializados em ciências foram lançados na televisão brasileira, contribuindo para a popularização do conhecimento científico no país tanto em canais de televisão aberta quanto em canais por assinatura, por exemplo:

- *Ciência em casa* (TV Escola) aproxima os conceitos científicos do cotidiano dos espectadores, utilizando experimentos simples que podem ser realizados em casa;
- *Como será?* (Rede Globo), de frequência semanal, que abordava temas relacionados à sustentabilidade, inovação, educação e ciência, sendo exibido de 2014 a 2019;
- *Catalisadores* (TV Cultura) apresenta pesquisas e projetos inovadores na área de ciência e tecnologia, destacando o trabalho de cientistas brasileiros;
- *Ciência para Todos* (TV Escola) voltado para o público escolar, torna a ciência acessível e interessante para estudantes, abordando diferentes temas científicos de forma didática;
- *Futurando* (DW Brasil), produzido pela Deutsche Welle, aborda temas relacionados à ciência, tecnologia, meio ambiente e sociedade, com foco em inovações e tendências futuras;
- *Superinteressante* (Discovery Channel), baseado na revista de mesmo nome, apresenta reportagens e documentários sobre ciência, tecnologia, história e curiosidades;
- *Repórter Eco* (TV Cultura) apresenta abordagens científicas relacionadas ao meio ambiente e sustentabilidade.

Esses programas exemplificam o crescente interesse do público brasileiro por temas científicos e a importância da divulgação científica na televisão, bem como a relevância da televisão brasileira como meio para se fazer divulgação científica. Eles marcaram o início de um esforço contínuo para tornar a ciência parte do cotidiano da população, utilizando a mídia televisiva para alcançar um público amplo e diversificado.

Em 2015, o Ministério da Ciência, Tecnologia e Inovação (MCTI) e o Centro de Gestão e Estudos Estratégicos (CGEE) realizaram uma enquete nacional que revelou que a televisão, em 2015, ainda era uma das principais fontes de informações científicas para os brasileiros. Esses dados são coerentes com os de nações europeias e americanas.

A apresentação da ciência na televisão brasileira enfrentou (e ainda enfrenta) diversos desafios, incluindo a necessidade de tornar o conteúdo científico acessível e atraente para um público amplo, a limitação de recursos para produção de conteúdo especializado, e a concorrência com programas de entretenimento.

5.4 Da televisão a pós-televisão na divulgação contemporânea

Atualmente, a ciência continua sendo apresentada na televisão a partir de uma variedade de formatos, incluindo documentários, segmentos em noticiários, programas educativos e programas específicos de ciências. Todavia, a própria configuração do dispositivo televisão está mudando. Os formatos televisivos da década de 2020 são muito diversos dos de épocas anteriores, e continuará evoluindo.

Na era digital, as novas configurações da televisão trouxeram transformações na forma como o conteúdo é produzido, distribuído e consumido, impactando também a divulgação científica. A convergência de mídias possibilitou a integração de diferentes plataformas, como televisão, internet e dispositivos móveis, permitindo maior interatividade e engajamento do público com o conteúdo científico. Isso facilita o acesso a informações e a participação de um maior contingente de pessoas em debates e discussões.

A personalização (customização) de conteúdo tornou-se mais fácil com o ambiente digital, permitindo segmentar o público e oferecer conteúdo relevante para diferentes espectadores, desde leigos até especialistas. Além disso, a proliferação de canais temáticos e plataformas de *streaming* dedicadas a temas específicos, como ciência e educação, ampliou as oportunidades para a produção e a disseminação de conteúdo científico de qualidade.

A televisão digital passou a oferecer recursos de interatividade e multimídia que enriquecem a experiência do espectador, incluindo a possibilidade de acessar conteúdos complementares, como gráficos e animações, que podem aprofundar a compreensão de temas científicos, dentre outros recursos em constante atualização e inovação.

Outro salto se deu com o processo de integração dos novos formatos televisivos com as redes sociais, que passou a facilitar a disseminação de informações científicas e a formação de comunidades de interessados em ciência de um modo muito mais dinâmico e veloz do que em décadas e séculos anteriores.

Essas novas configurações da televisão na era digital têm o potencial de aumentar o alcance da divulgação científica, tornando-a mais acessível e atraente para um público geral. No entanto, é importante que os produtores de conteúdo mantenham um compromisso com a precisão e a qualidade das informações científicas apresentadas. Como tecnologia audiovisual, a convergência entre televisão, internet e plataformas digitais oportunizou o surgimento de efetiva inovação para a divulgação científica, todavia, do ponto de vista do rigor em relação as suas fontes, a televisão parece ainda manter maior credibilidade em relação a redes sociais e outros formatos digitais.

Diferentemente das redes sociais, em que rumores e falsidades podem circular livremente e repetidamente sem muitas consequências diretas para os divulgadores, as emissoras de televisão operam sob um escrutínio legal e social mais rigoroso. A divulgação de informações falsas ou enganosas por parte de um veículo de televisão pode resultar em sérias repercussões legais e danos à sua reputação, comprometendo sua credibilidade e viabilidade comercial, gerando uma tendência de filtragem mais acurada das fontes e do material divulgado.

Esse *princípio de responsabilidade* ganha maiores proporções quando nos referimos à dinâmica da comunicação televisiva de amplo alcance. Como qualquer outra mídia, a televisão pode influenciar a percepção pública e modular o discurso por meio da seleção de conteúdo e da maneira como as notícias são apresentadas. Isso impõem um imperativo ético e legal ainda mais rigoroso, considerando o fato de que o alcance da televisão é consideravelmente maior do que de outras mídias que a antecederam. Os grandes veículos de comunicação dependem, assim, de sua reputação para manter a confiança do público e, por extensão, sua base de audiência e receita publicitária.

Outro aspecto que faz a televisão ainda guardar certa posição de prestígio está ligado ao fenômeno da *presentificação*, ou seja, no efeito de testemunho que o receptor (espectador) atribui ao registro mnemônico do que assiste. Eugen Fink (2019), filósofo alemão associado ao fenomenologismo, definiu "presentificação" como o ato de tornar algo presente na consciência, mesmo que não esteja diretamente dado ou presente no campo perceptivo. Em seus estudos, Fink (2019) explorou como a imaginação e a recordação possibilitam a presentificação, permitindo que elementos não presentes fisicamente sejam trazidos à consciência como se estivessem presentes. Essa concepção é parte de sua análise fenomenológica sobre a estrutura da experiência e a natureza da realidade, em que ele investiga como os seres humanos experienciam e interpretam o mundo ao seu redor. A presentificação ajuda na construção de seu prestígio por produzir sentido de ancoragem do espectador no tempo presente, como se esse sujeito que assiste fosse contemporâneo e testemunha do fato observado.

Nesse sentido, a presentificação pode ser compreendida como um efeito de interpretação por meio do qual o receptor, no caso o espectador, após passar pela sensação diante da imagem televisiva e sua percepção, estabelece um registro mental (imagem mental) não de que tenha visto a notícia mediada pela tela, mas como uma imagem do fato sem a mediação. Essa percepção de estar na condição de testemunha parece ser comum a muitas experiências comunicacionais — ouvir uma história, ver uma foto, assistir a um filme —, mas no caso da televisão, a ilusão de presença e testemunho nos parece mais intensa.

No caso do ouvir uma história, temos a tendência de lembrar da materialidade de quem nos contou. Ao ver uma foto, a tendência é de que nossa percepção, pela materialidade do meio, estabeleça uma imagem mental estática, que não ganha matizes de realidade. Fenômeno semelhante se dá nas mídias impressas (revistas, livros, jornais etc.), cuja diagramação envolve a interação em uma série de recortes gráficos, intervenção física (dedos) que reforçam o distanciamento. Já a televisão tende a constituir-se diante de uma prática mais contemplativa, quer seja no interior de uma residência, quer coletivamente em um bar ou mesmo em uma sala de espera. O espectador não interage fisicamente com o dispositivo. As cenas se revelam sem a necessidade de uma figura, como no caso do contador de história, que atraia a atenção para si como instância necessária para a construção de sentido. No caso da televisão, há uma prerrogativa da imagem sobre qualquer instância mediadora, como se os olhos do espectador se projetassem no espaço para o lugar do fato ocorrido, remetendo-nos à Marshall McLuhan. Mesmo um eventual "narrador" (o âncora do jornal, o apresentador etc.) é parte da imagem televisiva, está contido na profusão de imagens, é signo televisivo e não uma materialidade intermediadora.

A presentificação seria, portanto, um efeito de produção de sentido que se dá após a percepção, entendida como o processo pelo qual o cérebro interpreta os sinais sensoriais, dando-lhes significado e contexto dentro de nossa experiência prévia. O processo perceptual envolve a organização, identificação e interpretação das informações sensoriais para compreender o ambiente, portanto, permite que reconheçamos padrões, identifiquemos objetos e respondamos de maneira significativa aos estímulos ao nosso redor. Este fenômeno de recordar-se do fato como se o tivesse presenciado, dentro do processo perceptual, se dá através da construção de imagens mentais a partir do que foi visto promovendo o apagamento do meio pelo qual foi visto.

No contexto do audiovisual científico, essa sensação de testemunho adquire uma relevância particular, pois confere credibilidade e imersão às informações apresentadas. Ao observar a construção audiovisual de uma descoberta ou experimento científicos, o receptor constrói imagens mentais das imagens sentidas, observadas, reforçando interpretações de reforço da autenticidade e da importância do conteúdo por um certo efeito mental de proximidade com aquela mensagem.

Essa percepção de testemunho, essa presentificação, é atenuada nas redes sociais e outras mídias, cuja necessidade operacional do receptor junto ao meio reforça a noção de "ter visto em" e não de "ter visto o(a)". A produção de sentido de tempo presente na televisão reforça uma noção de temporalidade que enfatiza o "aqui e agora", criando uma conexão imediata entre o espectador e os eventos retratados. Trata-se, portanto, de um efeito de memória que faz o sujeito experimentar sentimentos ou emoções por meio de uma experiência mediada, como se estivesse vivenciando-a diretamente. Vale reforçar que a presentificação pode ocorrer, por exemplo, ao ler um livro, assistir a um filme ou ouvir uma história, em que o indivíduo se envolve emocionalmente com as experiências dos personagens, todavia, o audiovisual, por sua velocidade e estado mais contemplativo do receptor, parece potencializar esse efeito.

O tempo televisivo é sempre ancorado no presente, ainda que se referindo ao passado ou futuro, ao passo que o tempo no ciberespaço é fluido, não havendo muita clareza se um vídeo ou texto que circula hoje diz respeito a um fato acontecido hoje, ontem ou décadas atrás. Nesse sentido, a televisão atuaria como um meio da extensão do olhar e da audição humana no espaço e no tempo para o espectador, reforçando a sensação de presença e testemunho.

Transmissões ao vivo de eventos históricos são bons exemplos do efeito de presentificação, por exemplo, a chegada do homem à Lua, em 1969, levou milhões de espectadores ao redor do mundo a se sentirem como testemunhas diretas de um marco na história, graças à transmissão televisiva que proporcionou uma sensação de presença e participação no evento. Também exemplificam este efeito as coberturas de desastres naturais, como o tsunami de Tohoku, no Japão, em 2011, ou grandes acidentes, como o vazamento da usina nuclear de Chernobyl, em 1986, ou o rompimento da barragem com rejeitos de mineração em Mariana, no Brasil, em 2015. São casos em que as imagens ao vivo não só comunicam o fato, mas transmitem a urgência e a gravidade da situação, fazendo com que o espectador se sinta parte do momento, compartilhando a tensão e a preocupação com as vítimas e os socorristas. Nesses casos, ao tentar lembrar de tais eventos, a tendência é a reconstrução mental da cena "presenciada" (aquilo que "foi visto") e não da imagem efetivamente sentida pelo órgão da visão, ou seja, se a cena foi vista na televisão da casa de sua mãe o sujeito tenderá a não se lembrar do contexto (sala), nem do aparelho, mas da imagem "testemunhada" do evento.

Quando alguém assiste a uma imagem de telejornal pelo monitor, essa pessoa é colocada na posição de sujeito que presencia o fato, muitas vezes sem se dar conta do que é excluído pelo recorte da câmera; de tudo aquilo que está fora do que lhe é apresentado. O apresentador do telejornal é, por sua vez, outra testemunha, próxima, familiar em diálogo com seus pares de programa, mas "diante" do espectador, simbolicamente presente na roda da conversa. O âncora fala olhando para o lado (com seus pares) e de frente para o espectador, incluindo-o no círculo. Esse tipo de experiência cognitiva reforça o sentido de presença espaço-temporal do espectador televisivo. Vale destacar que o grande público consumidor de televisão, mesmo com o desenvolvimento de recursos como que possibilitam pausa, gravação e outros, não tem demonstrado, com o passar do tempo, fazer uso dessas ferramentas, as quais tem seu uso muito abaixo das expectativas iniciais em relação às Smart TVs. O que se constatou foi que os novos recursos efetivamente usados são aqueles que ampliaram as funções da TV, por exemplo, o uso do aparelho como tela secundária (espelhamento) de dispositivos móveis, para consumo de canais por demanda e *streaming*, mas em geral não no modo de consumir, sendo a baixíssima interatividade com os programas.

A presentificação não se limita aos eventos históricos ao vivo ou de impacto, estando presente na própria natureza do consumo televisivo. Programas como *Cosmos* produzem efeito de presentificação, quando, por meio de uma narrativa envolvente e imagens impactantes, produzem no espectador a sensação de testemunho de fatos em diferentes épocas e locais do universo, sentindo-se como um participante das descobertas e explorações científicas apresentadas.

Nas redes sociais, a própria natureza fragmentada da interface e de consumo do conteúdo em contextos hiperestimulados (em deslocamento, dividindo a atenção com aplicativos paralelos etc.) dificultam a ocorrência do efeito de presentificação. O vídeo de um experimento científico compartilhado em uma plataforma de vídeo ou em uma rede social pode não transmitir a mesma sensação de presença e testemunho que o mesmo vídeo transmitido pela televisão, pois como já destacava McLuhan (1964), o meio usado para transmissão da informação afeta a percepção da mensagem.

Nas redes sociais, o espectador tende a estar mais ciente de que o conteúdo é um produto audiovisual que chegou a ele a partir da sua interação. Esse aspecto do meio prejudicaria a formação do efeito de presentificação. Para as redes, a relação de engajamento, credibilidade e relevância do conteúdo transmitido é de outra ordem, ou seja, da esfera da confiança na comunidade que partilha e não na mídia em si. Entretanto, tal relação não é da ordem da presentificação, mas da persuasão.

Atualmente, entra em questão uma nova fase da televisão, que alguns autores têm denominado pós-televisão. O conceito de "pós-televisão" envolve a transição de um modelo de consumo audiovisual centrado na televisão tradicional para um ecossistema mediático caracterizado pela fragmentação e personalização do consumo. Nesse contexto, o conteúdo não é mais restrito a horários ou canais específicos, mas acessível em múltiplas plataformas, incluindo dispositivos móveis e serviços de *streaming*. A "pós-televisão" é marcada pela interatividade, sendo os espectadores não consumidores passivos, mas participantes ativos na criação e distribuição de conteúdo.

Amanda Lotz argumenta, em *The television will be revolucionize*d (2014), que esse modelo desafia a definição tradicional de "televisão". Ela argumenta que os rumores sobre a "morte da televisão" foram amplamente exagerados e explora como as novas tecnologias de distribuição e visualização têm revitalizado o meio. Mudanças nas práticas básicas de produção e distribuição de televisão não têm acelerado seu desaparecimento, mas estão redefinindo suas possibilidades, o que esperamos dela e como a utilizamos, em suma, revolucionando-a.

A televisão, tanto como tecnologia quanto como ferramenta de narrativa cultural, permaneceria, segundo Lotz (2014), tão relevante hoje quanto no passado, mas com algumas mudanças nos modos de uso. A autora analisa o dispositivo televisão, no que denomina era "pós-rede", propondo estruturas para entender as contínuas transformações do meio. Dentre as mudanças, destacam-se ajustes na indústria provocados pela televisão entregue via banda larga, como Netflix, YouTube, e iniciativas de múltiplas plataformas como TV Everywhere. Outra alteração aponta para o impacto de tecnologias como *tablets* e smartphones na forma e nos locais onde a televisão passou a ser consumida.

Elizabeth Evans (2011) destaca que as transformações da chamada pós-televisão estão intimamente ligadas às práticas de uma sociedade marcada pela "cultura participativa". Nesse novo cenário, a relação entre a televisão e a vida cotidiana parece ter sido alterada em decorrência do desenvolvimento de novas tecnologias de mídia pela indústria, e o que "televisão" significava antes passa agora por uma redefinição em face de seus novos públicos alinhados com perfis de consumo transmidiático.

Em face das mudanças socioculturais ocorridas nos primeiros anos do século XXI, a indústria televisiva teve se se reconfigurar. Evans (2011) destaca que o desenvolvimento da internet e dos telefones móveis como plataformas para conteúdos diretamente vinculados à programação televisiva desafiou o status do aparelho de televisão como o único ponto de acesso doméstico a conteúdos audiovisuais dramáticos e outros. Hoje, os espectadores podem engajar-se com a "televisão" sem sequer ligar um aparelho televisor, mas sim seu dispositivo móvel.

Embora já tenha havido alguma exploração dessas mudanças, pouca atenção foi dada ao público e à extensão com que essas tecnologias estão sendo integradas em suas vidas diárias. Destacando um período específico de mudança rápida e utilizando estudos de caso, como *Spooks*, *24* e *Doctor Who*, Evans (2011) examinou como a indústria televisiva tem explorado tecnologias emergentes e o grau de aceitação por parte do público. É justamente nesse cenário que se torna possível observar o que vem sendo chamado de pós-televisão.

Esse novo cenário impõe a divulgadores científicos uma série de questões às suas práticas via dispositivos televisivos: como o conteúdo de divulgação científica é transformado pelas estratégias multiplataforma? Quais são os modos de uso efetivo desses novos formatos de interação em relação ao público que se quer atingir? Como a (pós-)televisão, com suas telas cada vez maiores e associação à domesticidade, pode ser usada e reconciliada com a tecnologia portátil e pública dos telefones móveis para fins de divulgação científica tendo em vista que seguem gramáticas significativamente diferentes? O que a transição de horários de televisão para *downloads on-line* significa para a divulgação científica em termos de compreensão do "público televisivo"?

Programas televisivos dedicados à ciência, como documentários e séries temáticas, desempenharam um papel importante na disseminação do conhecimento científico para o público leigo. No entanto, a ascensão da internet e das mídias sociais marcou o início da era pós-televisão, com uma diversificação dos canais de comunicação, dos padrões de consumo de mídia e dos padrões de linguagem para público e para a produção.

A era pós-televisão representa, desse modo, um momento de grandes oportunidades para a divulgação científica. A diversificação dos canais de comunicação e a mudança nos padrões de consumo de mídia oferecem novas plataformas ricas em possibilidades de produção, circulação e consumo de conteúdo, permitindo que o conhecimento científico alcance audiências mais amplas e diversificadas. No entanto, há necessidade de que os divulgadores científicos entendam os novos formatos e lógicas comunicacionais, bem como se adaptem para lidar com as diferentes plataformas, desenvolvendo novas competências entre os cientistas e divulgadores para engajar efetivamente o público contemporâneo. A era pós-televisão, portanto, não é apenas um período de mudança tecnológica; é um momento de inovação na forma como a ciência é compartilhada e compreendida pelo público.

PARTE VI

A DIVULGAÇÃO CIENTÍFICA COMO DISCURSO E GÊNERO

6. A DIVULGAÇÃO CIENTÍFICA COMO DISCURSO

Este capítulo propõe uma reflexão sobre a divulgação científica sob duas perspectivas complementares: como discurso, que mobiliza estratégias comunicativas para construir sentidos, e como gênero textual, com características próprias que o distinguem de outros formatos comunicacionais. Essa abordagem permite compreender as singularidades da divulgação científica como prática de comunicação e destacar suas contribuições para a promoção de uma cultura científica mais inclusiva e acessível.

Ao explorar as bases teóricas do discurso e dos gêneros textuais, assim como exemplos práticos de textos de divulgação científica, este capítulo fornece uma análise que contribui tanto para o campo acadêmico quanto para o aperfeiçoamento das práticas de divulgação. Afinal, entender a estrutura e os mecanismos da divulgação científica é fundamental para torná-la mais eficaz e engajante, especialmente em um mundo cada vez mais dependente do diálogo entre ciência, tecnologia e sociedade.

No campo da análise do discurso, o termo "discurso" vai além de um conjunto de palavras ou expressões linguísticas, como é frequentemente percebido pelo senso comum. Nesse contexto, ele é compreendido como uma prática social e histórica que organiza e constrói sentidos dentro de determinados contextos culturais e ideológicos. Essa perspectiva permite investigar os efeitos de sentido produzidos por diferentes textos e falas em contextos específicos, destacando as relações de poder, a interação social e as condições de produção.

Para Bakhtin (1986; 2011), o discurso é intrinsecamente dialógico, ou seja, está sempre em relação com outros discursos, sendo permeado pela interação entre os sujeitos. Ele afirma que o enunciado não vive isolado, mas responde a enunciados anteriores e antecipa réplicas futuras. Assim, o discurso de divulgação científica pode ser analisado como uma resposta ao discurso especializado da ciência, traduzindo-o para um público mais amplo, enquanto antecipa questionamentos, interpretações e até mesmo resistências desse público.

Foucault (2021) trata o discurso como um campo de poder e saber. Ele observa que o discurso não é simplesmente aquilo que traduz lutas ou sistemas de dominação. Pelo contrário, é aquilo pelo qual, e por meio do qual, há luta. No contexto da divulgação científica, o discurso atua como um mecanismo que legitima certos saberes, ao mesmo tempo que exclui ou silencia outros, reforçando hierarquias epistêmicas e sociais.

Durante a pandemia de COVID-19, o discurso oficial, sustentado por instituições como a OMS e universidades, priorizou informações baseadas em estudos científicos validados, como a eficácia e a segurança das vacinas. Esse discurso, legitimado pela autoridade científica, operou como um mecanismo de poder ao reforçar a importância da vacinação como ferramenta para o controle da pandemia. Por outro lado, esse mesmo discurso tentou silenciar narrativas alternativas, como as vozes de comunidades que questionavam as vacinas com base em desinformação ou experiências históricas de exploração biomédica. Comunidades marginalizadas, como algumas populações negras e indígenas, que têm históricos de violações éticas na área da saúde, enfrentaram dificuldades em confiar plenamente nas informações divulgadas. Nesse caso, o discurso científico, embora intencionado como universal, reforçou hierarquias ao não incorporar de forma adequada essas perspectivas e contextos socioculturais.

O discurso de divulgação científica sobre mudanças climáticas geralmente prioriza dados quantitativos e análises modeladas, oriundos de instituições acadêmicas e relatórios como os do Painel

Intergovernamental sobre Mudanças Climáticas (IPCC). Esses discursos têm como objetivo informar e influenciar políticas públicas, legitimando intervenções governamentais e tecnológicas. Entretanto, as narrativas de populações locais afetadas diretamente pelas mudanças climáticas — como povos indígenas que experienciam alterações drásticas em seus territórios — frequentemente são desconsideradas ou apresentadas como complementares ao saber científico dominante. Enquanto o discurso científico usa categorias globais como "emissões de carbono" ou "aumento da temperatura média", as experiências dessas comunidades sobre como o clima impacta práticas tradicionais, como a pesca ou a agricultura, ficam marginalizadas. Essa exclusão reforça uma hierarquia epistêmica, na qual os saberes locais são subordinados ao discurso científico via estratégias discursivas.

Podemos pensar ainda como exemplo desse mecanismo o modo como o discurso em torno da Inteligência Artificial (IA) nas mídias e na divulgação científica frequentemente destaca os avanços tecnológicos e os benefícios da aplicação da IA em áreas como saúde, segurança e educação. Esse discurso é moldado por grandes empresas de tecnologia, como Google e Microsoft, e por pesquisadores de universidades renomadas, que definem a IA como um campo de inovação imparcial e benéfico. Entretanto, ele também silencia questões importantes, como o impacto ético e social do uso da IA, particularmente sobre populações vulneráveis. O discurso amplamente divulgado tende a desconsiderar as implicações da IA na reprodução de preconceitos algorítmicos e na exclusão digital de comunidades sem acesso à tecnologia. Assim, enquanto reforça a autoridade científica e técnica das grandes corporações, o discurso exclui debates sobre a democratização tecnológica e os direitos das populações afetadas.

Por sua vez, Dominique Maingueneau, em *Gêneros Discursivos* (2008), amplia a discussão ao considerar o discurso como um lugar de interação entre linguagens e cenários sociais. Ele propõe o conceito de "cenografia discursiva", que engloba tanto o conteúdo do discurso quanto a imagem de quem o enuncia e o cenário no qual ocorre. Segundo Maingueneau, a cenografia é essencial para criar credibilidade e engajamento: "[...] a relação entre o enunciador, o enunciatário e o contexto é construída por meio de estratégias discursivas que garantem a eficácia comunicativa" (2008, p. 124).

A compreensão do discurso, uma vez integrado a um espaço dinâmico de interação entre linguagens, sujeitos e cenários sociais, revela-se como prática multifacetada, na qual os sentidos não estão exclusivamente no conteúdo explícito das palavras, mas também nas relações de poder, nas intenções dos enunciadores e nas expectativas dos enunciatários, configurando-se como um fenômeno profundamente situado nas condições históricas e culturais em que é produzido e recebido.

Na abordagem de Maingueneau (2008), o discurso não é meramente um veículo de transmissão de informações, ele é uma construção complexa que envolve múltiplos elementos simultaneamente, como o conteúdo verbal, a posição social do enunciador, a expectativa do enunciatário e o contexto sociocultural em que ocorre. O conceito de cenografia discursiva, portanto, busca articular esses elementos, incluindo também a configuração simbólica em que elas ganham sentido, pois abrange, por exemplo, o tom de autoridade científica que se espera de um pesquisador em uma conferência, a linguagem acessível utilizada por um divulgador científico em um vídeo *on-line* ou a atmosfera de informalidade e curiosidade explorada em *podcasts*.

Esse conceito enfatiza que o sucesso comunicativo de um discurso depende da maneira como ele constrói um "cenário", o qual permitirá que o enunciatário reconheça a legitimidade do enunciador e possa engajar-se com a mensagem. Segundo Maingueneau (2008), a cenografia estabeleceria um contrato tácito entre o enunciador e o enunciatário, fundamentado em estratégias discursivas que garantem a eficácia comunicativa. Por exemplo, em um texto de divulgação científica publicado em uma revista popular, o autor frequentemente adota um tom simultaneamente didático e inspirador, apresentando-se como uma figura de autoridade ou mediador confiável e acessível. Esse equilíbrio entre credibilidade e proximidade é essencial para que o público não especializado se sinta motivado a compreender conceitos científicos complexos.

Além disso, a cenografia discursiva não é estática; ela é moldada pelas condições históricas e culturais em que o discurso ocorre. O contexto digital contemporâneo, por exemplo, introduz novas demandas cenográficas, como a necessidade de concisão em plataformas de redes sociais como o X ou a combinação de elementos visuais e textuais em vídeos do YouTube. O enunciador moderno deve adaptar-se a essas condições para manter o engajamento do público, muitas vezes utilizando elementos multimodais — imagens, gráficos, música — como parte integral da cenografia.

Por outro lado, a ausência de uma cenografia bem construída pode comprometer gravemente a eficácia do discurso. Um artigo de divulgação científica apresentado com excesso de jargões técnicos e sem preocupação com a acessibilidade pode alienar leitores que não pertencem à comunidade acadêmica, reduzindo sua capacidade de engajamento. Da mesma forma, um discurso de divulgação que não alinha o tom e o formato ao público-alvo pode parecer pouco autêntico ou inadequado, enfraquecendo a mensagem.

Assim, o pensamento de Maingueneau (2008) contribui para que possamos entender o discurso de divulgação científica como uma prática comunicativa que vai além do simples conteúdo informativo. A cenografia discursiva torna-se um elemento chave na construção de sentidos, na legitimação de saberes e na mediação entre o mundo científico e o público não especializado, evidenciando como o discurso é profundamente condicionado por interações sociais, culturais e tecnológicas.

As estratégias do discurso de divulgação incluem certa ênfase no uso de linguagem acessível, na construção de metáforas e analogias, e na adoção de um tom que equilibra autoridade e proximidade. Esses elementos tendem a reforçar a eficácia do discurso ao traduzir conceitos complexos para um público não especializado, sem comprometer a legitimidade científica.

Obviamente, analisar a divulgação científica como discurso é reconhecer que ela: não é neutra, mas sim carregada de intenções, valores e dinâmicas de poder; representa uma prática de mediação que molda o entendimento do público sobre a ciência; e, ao mesmo tempo, é moldada pelas condições culturais e sociais nas quais se insere.

6.1 As características do discurso da divulgação científica

Se nos detivermos sobre as características mais gerais do discurso de divulgação científica perceberemos que ele se distingue por um conjunto de elementos dentre os quais destacam-se três de maior centralidade: a simplificação e a tradução do conhecimento especializado; o apelo à curiosidade e à imaginação; e a adaptação ao público geral tentando manter a credibilidade científica.

Em relação ao primeiro elemento, é possível percebê-lo como constituinte da espinha dorsal da divulgação científica. O discurso da divulgação científica transforma a linguagem técnica em um código mais acessível, sem descaracterizar o conteúdo. Esse processo envolve a substituição de jargões científicos por termos comuns, a utilização de analogias e metáforas e a reestruturação do texto para destacar ideias centrais ao que se deseja divulgar. Por exemplo, para explicar o funcionamento de um buraco negro, uma metáfora como "aspirador cósmico" pode ajudar a traduzir conceitos complexos para o público não especializado. Entretanto, simplificar não significa trivializar. Em *Writing Biology* (1990), Greg Myers alerta que a simplificação exige escolhas estratégicas que podem introduzir vieses ou omitir nuances importantes. Isso implica o equilíbrio delicado entre acessibilidade e precisão, o que é fundamental para manter a confiabilidade do discurso científico. Myers (1990) destaca, ainda, que a divulgação científica transforma o discurso técnico em narrativas compreensíveis, muitas vezes reformulando conceitos abstratos e dados quantitativos em metáforas ou histórias que ressoem com o público, o que envolve decisões estratégicas sobre o que enfatizar ou omitir, e como enquadrar o conhecimento científico dentro de contextos culturais e sociais acessíveis ao público.

Essa perspectiva é complementada pelo entendimento de John Durant, em "Participatory Science and Scientific Literacy" (1999), que argumenta que a simplificação é inevitável, mas deve ser conduzida com cuidado para preservar a integridade do conteúdo científico. Ele explica que a tradução do conhecimento não significa diluição, mas uma reconfiguração que torna o material acessível sem perder sua base científica. Por exemplo, a explicação de fenômenos astronômicos em documentários populares, como os produzidos por Neil de Grasse Tyson, exemplifica como metáforas podem traduzir conceitos complexos, como a curvatura do espaço-tempo, para analogias visuais e narrativas que são mais fáceis de compreender. Ao mesmo tempo, essa simplificação é estruturada para manter o rigor científico e reforçar a credibilidade do divulgador.

O segundo elemento está relacionado com a capacidade de capturar o interesse do público por meio do apelo à curiosidade e à imaginação. Jerome Bruner, em *Actual Minds* (1986), observa que narrativas engajantes ajudam a conectar os leitores ao processo de construção do conhecimento, despertando sua curiosidade e promovendo uma experiência de aprendizagem mais rica em oportunidades de apropriação. A divulgação científica frequentemente explora histórias envolventes, como descobertas históricas ou dilemas éticos, para inserir o público em um contexto narrativo que transcenda os dados brutos, acadêmicos.

Além disso, o uso de perguntas retóricas e títulos provocativos é comum em textos de divulgação como estratégia discursiva. Por exemplo, uma matéria intitulada *"Por que o universo é tão grande?"* além de informar o tema busca instigar o público a refletir e se engajar emocionalmente. Assim, a imaginação é estimulada por descrições vívidas ou projeções futuras, como prever os impactos de avanços tecnológicos na sociedade.

O terceiro elemento que parece caracterizar o discurso científico diz respeito à estratégia de adaptação do conteúdo ao público não especializado tentando manter a credibilidade científica. Para isso, o enunciador constrói um *ethos* discursivo que equilibra autoridade e proximidade. Segundo Maingueneau (2008), a credibilidade do discurso não está só nos dados apresentados, mas na imagem que o enunciador projeta, seja como especialista confiável, seja como comunicador acessível. Essa adaptação implica adotar um tom mais conversacional e evitar estruturas argumentativas excessivamente complexas. Ainda assim, a credibilidade científica deve ser preservada.

Em *Disciplinary Identities* (2009), Ken Hyland aponta que o uso de fontes confiáveis, citações e explicações claras dos métodos científicos contribui para construir a confiança do público, enquanto estratégias como exageros ou promessas infundadas podem prejudicar a imagem do discurso de divulgação. Por exemplo, ao divulgar resultados sobre mudanças climáticas, o discurso deve evitar previsões alarmistas e se basear em dados validados, explicando as limitações dos estudos apresentados.

Tais características do discurso de divulgação científica — simplificação, apelo à curiosidade/imaginação e adaptação confiável — refletem seu objetivo principal: tornar o conhecimento científico acessível e engajante, sem comprometer sua validade. No entanto, essas práticas demandam rigor, criatividade e responsabilidade ética por parte dos divulgadores, que devem navegar entre os desafios de traduzir a ciência para diferentes públicos e, ao mesmo tempo, preservar a integridade do conhecimento.

6.2 A divulgação científica como gênero

Para discutirmos a divulgação científica como gênero, é essencial compreender antes o conceito de *gênero textual* e sua relevância no processo comunicativo. Sob a perspectiva linguística, os gêneros textuais são moldes socioculturais que organizam a linguagem em função das práticas sociais. Eles são formas de ação comunicativa que emergem de contextos históricos e culturais específicos e ajudam a estruturar a interação entre os sujeitos em diferentes esferas da vida social.

Em *Speech genres and other late essays* (1986), Mikhail Bakhtin argumenta que os gêneros discursivos (que incluem os textuais) são relativamente estáveis e representam modos de organização do discurso em situações comunicativas específicas. Para ele, todo enunciado pertence a um gênero e é moldado pelas condições da comunicação, como o objetivo, o público-alvo e o contexto. Essa estabilidade relativa permite que os gêneros sirvam como guias para a produção e interpretação dos textos, facilitando a comunicação entre enunciador e enunciatário.

Podemos complementar a perspectiva bakhtiniana, com o entendimento de John Swales, em *Genre Analysis* (1990), que — ao discutir gêneros no contexto acadêmico e profissional — reforça que os gêneros são uma classe comunicativa de eventos, isto é, que compartilham propósitos comunicativos específicos reconhecidos pelos membros de uma comunidade discursiva. Ele destaca que os gêneros detêm características recorrentes na forma, no conteúdo e na estrutura, o que os torna ferramentas essenciais para organizar o conhecimento e as práticas sociais.

Por sua vez, Charles Bazerman, em "Genre and cognitive development" (2004), aprofunda a análise dos gêneros textuais como construtos dinâmicos, entendendo que eles vão além de refletir práticas sociais, moldando inclusive o modo como os indivíduos percebem e interagem com o mundo. Ele enfatiza que os gêneros são históricos e evolutivos, adaptando-se às transformações sociais e tecnológicas, como ocorre com os formatos digitais de divulgação científica.

Perceber a divulgação científica como gênero textual é fundamental porque implica vê-la como forma mediadora entre a intenção do enunciador e a expectativa do enunciatário. No caso, a organização do texto em um gênero específico — como artigos de revistas, *posts* de blogs, vídeos de YouTube ou *podcasts* — orienta o público a compreender o objetivo do texto e a interpretá-lo de determinada maneira, uma vez que a previsibilidade dos gêneros textuais cria uma expectativa para o público, que estabelece certa concepção em relação ao que esperar de um artigo popular sobre ciência ou de uma *thread* no X explicando conceitos científicos. Essa previsibilidade facilita a apreensão do conteúdo, mesmo que o tema seja complexo e antecipa os termos do pacto de leitura que o receptor terá em relação ao meio (suporte) usado no ato comunicativo.

Vale lembrar, que os gêneros textuais são moldados por contextos históricos e culturais. A divulgação científica em formato de *podcast*, por exemplo, atende às demandas de públicos contemporâneos que buscam aprendizado em momentos de deslocamento ou atividades cotidianas e estabelece uma predisposição em relação à estética e ao formato da mensagem.

Como explica Bazerman (2004), os gêneros veiculam informações, mas além disso ajudam a construir sentidos compartilhados dentro de uma sociedade, a estabelecer parâmetros de memória coletiva, de cultura. No caso da divulgação científica, eles promovem a legitimação do discurso científico e sua inserção em contextos culturais amplos. Frequentemente, a divulgação científica combina elementos de narração, descrição e argumentação, criando gêneros híbridos que maximizam a clareza e o engajamento do público.

A divulgação científica utiliza diferentes gêneros textuais para atingir públicos diversos e adaptar-se a contextos comunicativos variados. Esses gêneros combinam estratégias discursivas e textuais para traduzir o conhecimento especializado de maneira acessível e engajante. A seguir, analisamos alguns dos gêneros textuais mais característicos da divulgação científica, com base em suas especificidades formais e funcionais.

a) Artigos de revistas populares

Os artigos de revistas populares são um dos gêneros mais consolidados na divulgação científica. Publicações como *Scientific American*, *National Geographic* e, no Brasil, *Revista Superinteressante* são exemplos clássicos desse gênero. Esses textos se destacam pela organização em linguagem acessível, com uso frequente de metáforas, exemplos cotidianos e apoio visual, como gráficos e imagens, tendo o objetivo de traduzir a complexidade científica para o público leigo, mantendo um tom de credibilidade e autoridade.

Durant (1999) aponta que os artigos de revistas populares são caracterizados por um estilo narrativo envolvente, que busca tanto informar quanto inspirar curiosidade no leitor. Esse gênero, frequentemente, explora títulos chamativos, como "*O que é a matéria escura?*", e organiza o conteúdo em blocos curtos, facilitando a leitura.

b) *Posts* em blogs e redes sociais

Com o avanço das plataformas digitais, os blogs e as redes sociais emergiram como gêneros textuais relevantes para a divulgação científica. Autores e instituições utilizam blogs para desenvolver textos reflexivos e analíticos sobre temas científicos, enquanto redes sociais como X, Instagram e TikTok permitem a disseminação de informações em formatos curtos e dinâmicos.

Em "Science Communication" (2021), Brian Trench e Massimiano Bucchi defendem a ideia de que esses gêneros são mais interativos e multimodais, combinando texto com imagens, vídeos e hashtags que facilitam a interação com o público. Por exemplo, no X, *threads* explicativas são populares, como aquelas que desvendam conceitos científicos complexos em publicações sequenciais curtas e conectadas.

c) Documentários e vídeos educacionais

O gênero de documentários científicos, amplamente explorado por canais como *Discovery Channel* e *Netflix*, tem como característica principal a combinação de narrativa audiovisual com explicações científicas. Documentários como *Cosmos* (apresentado por Carl Sagan e, posteriormente, por Neil de Grasse Tyson) exemplificam o uso de imagens impactantes, trilhas sonoras e narrações cuidadosamente construídas para transmitir conceitos científicos de maneira inspiradora.

Camille Paglia, em *Provocations* (2018), analisou que alguns documentários se enquadravam em uma "retórica de sedução científica", na qual a beleza visual e a construção narrativa visavam capturar o interesse do público e fomentar uma conexão emocional com o tema apresentado. A autora concluiu que vídeos educacionais mais curtos, como os do canal *Kurzgesagt – In a Nutshell* no YouTube, utilizam animações para simplificar conceitos enquanto mantêm uma forte base informativa e que esta, entre outras características formais, estabelece uma sintaxe própria desse gênero na internet.

d) *Podcasts* e entrevistas

Os *podcasts* científicos têm crescido exponencialmente, oferecendo um gênero textual auditivo que permite aprofundar discussões de maneira descontraída e acessível. Programas como *The Infinite Monkey Cage* e *SciCast* no Brasil combinam entrevistas com cientistas e debates sobre temas relevantes, utilizando uma linguagem menos formal.

De acordo com Daniela Pscheida e colaboradores, em "Science communication in the digital age" (2013), os *podcasts* são uma extensão moderna da comunicação científica, permitindo que o público consuma ciência em momentos de deslocamento ou enquanto realiza outras atividades. Sua característica mais marcante é a conversação espontânea, que aproxima o ouvinte e humaniza o discurso científico.

Esses, obviamente, são apenas alguns exemplos de que cada gênero textual apresenta uma forma e uma maneira de modelizar o conteúdo. Os gêneros utilizados na divulgação científica compartilham características que visam à tradução do saber especializado para o público não especializado.

6.3 Divulgação científica como gênero discursivo

Como visto, os gêneros textuais atravessam a divulgação científica, entretanto este tópico busca ir além deles. Entendido o conceito de gênero textual, podemos avançar para a proposta de pensar a divulgação científica, em si, como gênero, mas essa perspectiva requer atenção a certas nuances. Ao se considerar a divulgação científica como gênero, é necessário reconhecer sua heterogeneidade e versatilidade. Em linguística e nos estudos discursivos, o conceito de gênero textual, como proposto por teóricos como Bakhtin, Swales e Bazerman, não se refere apenas a formas fixas e estáveis, mas a práticas comunicativas que atendem a propósitos específicos dentro de contextos socioculturais. Nesse sentido, a divulgação científica pode ser compreendida tanto como um *gênero discursivo* amplo quanto como um *conjunto de subgêneros* que respondem a diferentes situações comunicativas.

Como gênero macro, ela engloba textos e práticas comunicativas que compartilham propósitos comuns: mediar o conhecimento especializado e torná-lo acessível ao público leigo. Essa abordagem alinha-se ao conceito de gênero como "classes comunicativas de eventos" proposto por Swales (1990), entendendo-se que *o propósito comunicativo é o principal critério de identificação*. Esse propósito orienta-se para informar, educar e engajar o público em torno de temas científicos, muitas vezes em contextos em que o conhecimento técnico seria inacessível sem mediação. Assim, mesmo que os formatos (subgêneros) variem (artigos, vídeos, *podcasts*), o objetivo central é o mesmo: traduzir conceitos científicos em formas compreensíveis e, ao mesmo tempo, confiáveis.

No entanto, a divulgação científica não é um gênero homogêneo. É mais produtivo analisá-la como um gênero discursivo amplo que abriga subgêneros distintos, cada um com características próprias. Cada um desses subgêneros adapta o propósito geral às necessidades específicas do público e do meio de comunicação.

Há, entretanto, três grandes desafios ao tratar a divulgação científica como gênero. O primeira diz respeito às *fronteiras porosas com outros gêneros*. Sua natureza híbrida torna as fronteiras com outros gêneros textuais dinâmicas, promovendo a hibridização formal, que ocorre porque os textos de divulgação científica são moldados por contextos comunicativos variados, públicos-alvo heterogêneos e diferentes propósitos, exigindo a combinação de estratégias discursivas distintas como narração, argumentação e descrição. Esse fenômeno reflete a complexidade de traduzir o conhecimento científico de maneira acessível, ao mesmo tempo em que busca engajar, informar e educar.

A hibridização na divulgação científica não é acidental, mas uma estratégia de adaptação às múltiplas funções que esses textos desempenham. De acordo com Bakhtin (2011), os gêneros discursivos são permeáveis porque se desenvolvem a partir das práticas sociais, incorporando elementos de outros discursos. No caso da divulgação científica, isso resulta em textos que frequentemente integram elementos narrativos, conferindo dinamismo e engajamento emocional; componentes argumentativos, que persuadem o público da relevância de um tema científico; e descrições detalhadas, indispensáveis para explicar fenômenos naturais ou processos científicos. Por exemplo, filmes como *The Theory of Everything* utilizam a narrativa da vida de Stephen Hawking como fio condutor para introduzir conceitos de física teórica, enquanto *posts* em blogs combinam explicações científicas com reflexões pessoais, muitas vezes adotando o tom introspectivo de um ensaio.

Essas fronteiras porosas permitem a interação e a aproximação com variados gêneros textuais, criando intersecções enriquecedoras. Documentários frequentemente incorporam características do jornalismo, como a objetividade aparente e o uso de entrevistas, exemplificado em séries como *Inside Bill's Brain*, que mistura explicações técnicas com a estrutura investigativa típica de uma reportagem. Blogs científicos, por outro lado, muitas vezes assumem o tom de ensaios reflexivos ao abordar dilemas éticos ou impactos sociais da ciência, explorando uma linguagem mais pessoal e argumentativa. Livros de divulgação, como *Sapiens: uma breve história da humanidade* (2015), de Yuval Noah Harari, aproximam-se da narrativa literária ao mesclar história, antropologia e ciência em uma forma quase ficcional, mas com bases científicas rigorosas.

Essa hibridização enriquece o discurso da divulgação científica e impões desafios no sentido de que a fluidez entre formatos dificulta a categorização rigorosa desses textos, especialmente em contextos de análise discursiva, onde as fronteiras fixas entre os gêneros já são amplamente problematizadas. No entanto, essa versatilidade comunicativa amplia o alcance da divulgação científica, permitindo que ela se adapte a diferentes públicos e meios, como *posts* curtos no Instagram, que utilizam elementos visuais e linguagem direta, ou *podcasts*, que exploram o diálogo e a oralidade para construir um vínculo mais próximo com o ouvinte.

Trabalhar com formas híbridas facilita também a construção de sentido, uma vez que permite conectar conhecimentos técnicos a experiências cotidianas. Como observa Bazerman (2004), gêneros híbridos são especialmente eficazes na ressignificação de conceitos científicos por diferentes audiências, utilizando estratégias discursivas que exploram a interdisciplinaridade e a multimodalidade. Essa flexibilidade é fundamental para que a divulgação científica cumpra sua missão de mediar o conhecimento entre a ciência e a sociedade, mantendo-se relevante em contextos culturais e tecnológicos em constante transformação.

O segundo desafio se estabelece m relação à *evolução e à adaptação constante das formas textuais*, especialmente em resposta às mudanças tecnológicas e culturais que definem os modos de produção e recepção do conhecimento nos dias de hoje. Em particular, a ascensão dos contextos digitais transformou profundamente as formas de comunicação científica, possibilitando a emergência de novos formatos. Nesse cenário, os textos de divulgação científica respondem às demandas sociais e tecnológicas e moldam as práticas discursivas contemporâneas, oferecendo oportunidades para novas formas de engajamento com o público.

No ambiente digital, a divulgação precisa se ajustar a plataformas que privilegiam a concisão, a multimodalidade e a interatividade. Aplicativos como TikTok e Instagram têm popularizado vídeos curtos, que condensam informações complexas em formatos de poucos segundos. Essa tendência subverte os padrões tradicionais de gêneros mais extensos e lineares, como artigos de revistas populares ou documentários longos, ao priorizar formatos fragmentados e altamente visuais. Esses vídeos, muitas vezes acompanhados por legendas dinâmicas, efeitos sonoros e gráficos, representam uma nova forma de textualidade que integra diferentes modos semióticos para maximizar o impacto e a compreensão. Segundo Gunther Kress e Theo van Leeuwen (2006), em *Reading Images*, essa combinação de elementos visuais, verbais e auditivos em um único texto configura um gênero multimodal que se alinha às demandas comunicativas contemporâneas.

Além disso, a evolução tecnológica promove a personalização dos conteúdos científicos, construindo novos paradigmas de interação. Algoritmos de recomendação em plataformas como YouTube e TikTok ajustam os conteúdos exibidos ao histórico e aos interesses do usuário, permitindo que a divulgação científica atinja nichos específicos de maneira mais eficaz. Esse contexto, no entanto, apresenta um paradoxo: embora amplie o alcance da ciência, também fragmenta a audiência, criando bolhas de conhecimento que podem limitar o contato com informações diversificadas. A adaptação ao ambiente digital, portanto, exige que os divulgadores de ciência considerem também a acessibilidade como um elemento-chave, bem como as implicações éticas e epistemológicas de trabalhar com essas ferramentas.

No caso da divulgação científica, essa dinamicidade é intensificada pela velocidade com que os contextos tecnológicos mudam, introduzindo continuamente novas possibilidades para a criação de sentidos. Por exemplo, enquanto um vídeo curto no TikTok pode simplificar conceitos científicos para captar a atenção de públicos mais jovens, um *podcast* de longa duração, disponível em plataformas como Spotify, permite discussões aprofundadas e reflexivas, apelando a um público mais especializado.

A adaptação constante também se manifesta em sua capacidade de incorporar linguagens híbridas e interativas. Formatos como transmissões ao vivo, webinars e postagens interativas nas redes sociais permitem que o público participe ativamente da comunicação científica, tornando-se coautores do processo discursivo. Essa interatividade transforma o papel do público de receptor mais passivo (paradigma *mass media*) para participante mais ativo, em um movimento que ecoa as ideias de Henry Jenkins, em *Convergence Culture* (2006, 2016), sobre cultura participativa e convergência midiática. Ao oferecer espaços para comentários, perguntas e debates em tempo real, esses formatos promovem uma relação mais próxima entre ciência e sociedade, desafiando as hierarquias tradicionais de produção de conhecimento.

Entretanto, essa evolução constante traz consigo a necessidade de simplificar e condensar informações em formatos digitais curtos, o que pode, em alguns casos, comprometer a profundidade e a precisão do conteúdo científico. Além disso, a alta concorrência por atenção no ambiente digital pode levar ao uso de estratégias sensacionalistas, que priorizam o engajamento em detrimento da qualidade informativa. Dessa forma, a adaptação da divulgação científica a novos contextos exige um equilíbrio cuidadoso entre inovação comunicativa e rigor científico, para que os valores fundamentais da ciência não sejam perdidos no processo.

Ao adotar novas tecnologias e linguagens, a divulgação expande suas possibilidades de interação com diferentes públicos e reconfigura sua própria identidade como prática comunicativa. Esse movimento contínuo, embora desafiador, reforça o seu papel como mediadora entre o conhecimento especializado e a sociedade, destacando sua relevância em um mundo cada vez mais marcado pelos processos agnotológicos, ou seja, pela produção e disseminação da ignorância ou do desconhecimento, especialmente em contextos em que essa falta de conhecimento é intencionalmente promovida.

Por fim, a *interdisciplinaridade* pode ser tomada como o terceiro desafio para pensarmos a divulgação científica como gênero, pois essa prática, além de ser um movimento de combinação de conhecimentos de áreas distintas, representa um espaço de negociação epistemológica, no qual conceitos, linguagens e métodos são reorganizados para tornar o conhecimento especializado acessível a públicos leigos. Nesse processo, a interdisciplinaridade opera como força transformadora, que traduz e ressignifica os saberes, situando-os em contextos socioculturais mais amplos.

A divulgação científica está sempre em um limiar discursivo no qual interagem campos do saber como ciências naturais, ciências humanas, ciências sociais aplicadas etc. Essa interação se manifesta em formatos multimodais que combinam texto verbal, imagens, gráficos, sons e, em contextos digitais, interatividade. Para Bazerman (2004), quando os gêneros textuais são inseridos em contextos interdisciplinares, eles desempenham papéis na construção de novos significados, adaptando-se às demandas comunicativas de diferentes audiências. Assim, uma palestra de divulgação pode recorrer à narrativa histórica para contextualizar uma descoberta biológica, enquanto um documentário ambiental pode combinar explicações técnicas sobre ecossistemas com imagens impactantes e trilhas sonoras emocionais para criar um senso de urgência.

A interdisciplinaridade também é indispensável para traduzir conceitos altamente especializados de maneira que ressoem com o público não especializado. Nesse processo, elementos de linguística, semiótica e psicologia, por exemplo, desempenham papéis importantes ao estruturar os textos e adaptá-los às capacidades cognitivas e culturais do público. A inclusão de metáforas visuais, analogias e narrativas exemplares exemplifica como o conhecimento técnico pode ser reinterpretado por meio de linguagens acessíveis.

Mais do que uma simples soma de saberes, a interdisciplinaridade implica um diálogo ativo entre disciplinas, em que cada uma contribui com perspectivas que enriquecem o conteúdo. Esse diálogo é particularmente relevante em contextos de temas complexos e globais, como mudanças climáticas, inteligência artificial e saúde pública, que exigem uma abordagem integrativa para abordar suas múltiplas dimensões. Por exemplo, uma discussão sobre as mudanças climáticas envolve a meteorologia e a geologia, bem como a economia, a sociologia e a ética, cada uma contribuindo para a compreensão mais holística do problema.

Contudo, a negociação entre o discurso técnico e o leigo pode levar a tensões, como o risco de simplificação excessiva ou de perda de nuances importantes nos saberes especializados. Além disso, a própria natureza da interdisciplinaridade exige que o divulgador científico desenvolva competências em diferentes áreas, bem como a habilidade de transitar entre linguagens e epistemologias diversas. Como observa Latour, em *Reassembling the Social* (2005), a comunicação eficaz em contextos interdisciplinares requer um esforço para traduzir tanto conceitos quanto os pressupostos que sustentam diferentes formas de conhecimento.

Nesse sentido, podemos entender a interdisciplinaridade como um fundamento do gênero discursivo da divulgação científica, pois permite que o conhecimento científico ultrapasse os limites disciplinares e encontre novos significados e aplicações no cotidiano, enriquecendo a compreensão pública e fomentando um diálogo mais inclusivo e diverso sobre a ciência.

Desse modo, a divulgação científica pode ser entendida como *gênero discursivo amplo*, que organiza práticas comunicativas heterogêneas em torno de um propósito central: a democratização do conhecimento científico; e não como *gênero textual*, como algumas vezes tratado na literatura, quando enfatizam o produto textual como divulgação científica. Essa perspectiva alinha-se à visão de gêneros como fenômenos dinâmicos e históricos.

O dialogismo tende a ser um traço discursivo recorrente desse gênero. Hyland (2009) reforça que o tom conversacional, comum em blogs e redes sociais, é um recurso estratégico típico do discurso da divulgação científica. Ele aproxima o divulgador do público, mantendo um equilíbrio entre informalidade e autoridade.

Outro traço discursivo é o uso de metáforas e analogias, usados com frequência para tornar conceitos abstratos mais concretos e compreensíveis. Essas figuras de linguagem ajudam a construir pontes entre o conhecimento prévio do público e os novos conceitos apresentados. George Lakoff e Mark Johnson, em *Metaphors We Live By* (1980) destacam que as metáforas estruturam nossa percepção e entendimento do mundo, sendo ferramentas fundamentais para explicar ideias complexas. Na divulgação científica, exemplos como "o DNA é uma receita para fazer você" ou "o sistema imunológico funciona como um exército que defende o corpo" ilustram como essas ferramentas tornam a ciência mais acessível.

Lina Hellsten e colaboradores argumentam, em "Analogies, metaphors, and images" (2017), que as analogias e os exemplos práticos, quando bem escolhidos, também estimulam a curiosidade do público. Por exemplo, ao explicar a gravidade, a analogia de "um trampolim que se curva sob o peso de uma bola" simplifica o conceito de curvatura do espaço-tempo.

Outro traço marcante desse discurso é a multimodalidade, especialmente em contextos digitais. Trata-se da combinação de imagens, gráficos, infográficos, texto verbal e outros para a construção de significados. Kress e van Leeuwen (2006) entendem que, em textos multimodais, a interação entre diferentes modos de comunicação é central para a transmissão de informações complexas. Um gráfico que acompanha um artigo sobre mudanças climáticas, por exemplo, pode mostrar variações de temperatura ao longo do tempo, tornando os dados visíveis e mais fáceis de interpretar. Vídeos educacionais, documentários, animações e outros formatos audiovisuais podem reforçar a mensagem, tornando-a mais compreensível.

A divulgação científica se revela uma prática comunicativa complexa, situada em um campo de tensões entre a democratização do saber, as dinâmicas de poder e os desafios da sociedade contemporânea que enfrenta desafios impostos pela desinformação, pela exclusão social e pelas transformações tecnológicas que moldam a comunicação científica.

Compreender a dimensão discursiva da divulgação científica nos auxilia a desvendar como os sentidos são construídos, negociados e disseminados em textos voltados para mediar o conhecimento científico e o público. Contribui para que possamos pensar metalinguisticamente, ou seja, pensar para além do conteúdo informativo, contemplando as estratégias de linguagem, os contextos socioculturais e os mecanismos retóricos que tornam o discurso científico acessível e significativo — ou não — para diferentes audiências. Por meio dessa dimensão, podemos analisar como o *ethos* do enunciador — seja um cientista, jornalista ou divulgador — é construído para gerar credibilidade, como os valores e as ideologias subjacentes moldam os temas abordados e como os recursos linguísticos e multimodais atuam como equalizadores nas práticas de divulgação.

Essa compreensão é especialmente relevante para lidar com os desafios contemporâneos, como o combate à desinformação e ao negacionismo, que frequentemente se ancoram em discursos persuasivos, porém infundados. Ao estudar a dimensão discursiva, torna-se possível trabalhar com mais profundidades as semioses que operam na disseminação de falácias e dos apelos emocionais presentes em discursos pseudocientíficos e, simultaneamente, desenvolver contraestratégias discursivas que promovam a ciência de maneira ética e engajante.

Além disso, permite-nos perceber como os textos de divulgação científica são moldados pelas condições históricas, tecnológicas e culturais de sua produção, o que inclui, por exemplo, a hibridização dos gêneros, a influência das mídias digitais na forma como o conhecimento é apresentado e consumido e as novas demandas por acessibilidade e inclusão na comunicação científica. Assim, discutir a discursividade nesses contextos nos permite interpretar e propor intervenções neles, que possam contribuir para práticas que promovam uma circulação mais democrática do saber.

POSFÁCIO

Encerrando esta obra, percorremos um arco que investiu na tentativa de iluminar a importância e os desafios da divulgação científica, estabelecendo ângulos diferentes para reflexão sobre sua trajetória e seu papel na contemporaneidade. *Divulgação Científica: uma abordagem multimensional* não é um título evocativo, mas a descrição da proposta dos autores de destacar o universo de complexidades que permeia a espinha dorsal deste livro, atravessado por questões históricas, epistemológicas, éticas e sociais.

Ao longo das páginas, tentamos evidenciar o fato de que a divulgação científica transcende a tarefa de simplificar conceitos: ela é um ato político, cultural e profundamente humano. A ciência, aqui, não é tratada como um pedestal inatingível, mas como um diálogo necessário entre o rigor do laboratório e a experiência cotidiana das pessoas. Cada uma das seis partes que compõem esta obra evidencia uma dimensão distinta.

Nosso mundo enfrenta crises que demandam um engajamento científico sem precedentes, desde as mudanças climáticas até os desafios éticos das novas tecnologias. Este livro nos lembra que a luta contra a desinformação e o avanço do letramento científico são alicerces para uma sociedade mais informada, participativa e resiliente. Ele também coloca em evidência que a prática de divulgar ciência, em sua essência, requer sensibilidade cultural, criatividade narrativa, competência discursiva e visão crítica sobre as dinâmicas de poder que atravessam o saber.

Não nos propusemos a criar um manual, mas um convite à reflexão e à ação, a ver a divulgação científica como um processo de negociação entre diferentes linguagens, valores e expectativas. É um chamado para repensar o papel do cientista e do divulgador, não como agentes isolados, mas como atores inseridos em um ecossistema de significantes, significados e sistemas de representação.

Ao fechar estas páginas, somos lembrados de que a divulgação científica se propõe a transformar o entendimento coletivo sobre a ciência e moldar nossa percepção como sociedade para temas que atravessam nossa noção de estar no mundo. Que esta obra inspire novas jornadas e fortaleça o compromisso com uma ciência mais aberta, ética e acessível.

GLAUCIO ARANHA

ÍNDICE

REFERÊNCIAS BIBLIOGRÁFICAS

ABELL, S. K.; SMITH, D. C. What is science?: preservice elementary teachers' conceptions of the nature of science. **International Journal of Science Education**, v. 16, n. 4, p. 475-487, 1994. Disponível em: http://www.informaworld.com. Acesso em: 4 ago. 2025.

ACCADEMIA NAZIONALE DEI LINCEI. **Accademia Nazionale dei Lincei**. Roma: Acad. Nazionale dei Lincei, 1960.

ADORNO, T. W.; HORKHEIMER, M. **Dialética do esclarecimento**: fragmentos filosóficos. Rio de Janeiro: Zahar, 1985.

ADORNO, T. W.; HORKHEIMER, M. **Dialética do esclarecimento**: fragmentos filosóficos. Rio de Janeiro: Jorge Zahar, 1986.

ALBAGLI, S. Divulgação científica: informação científica para a cidadania? **Ciência da Informação**, v. 25, n. 3, p. 396-404, 1996.

ALIOTO, A. **A history of Western science**. 2. ed. London: Pearson, 1992.

ALLCOTT, H.; GENTZKOW, M. Social media and fake news in the 2016 election. **Journal of Economic Perspectives**, v. 31, n. 2, p. 211-236, 2017. Disponível em: https://www.aeaweb.org/articles?id=10.1257/jep.31.2.211. Acesso em: 4 ago. 2025.

ALLUM, N.; STURGIS, P.; TABOURAZI, D.; BRUNTON-SMITH, I. Science knowledge and attitudes across cultures: a meta-analysis. **Public Understanding of Science**, v. 17, n. 1, p. 35-54, 2008. Disponível em: https://journals.sagepub.codoi/10.1177/0963662506070159. Acesso em: 4 ago. 2025.

ANDERSON, C. **A cauda longa**: a nova dinâmica de marketing e vendas. Rio de Janeiro: Elsevier, 2006.

ANDERSON, C. The long tail. **Wired**, v. 12, n. 10, out. 2004. Disponível em: http://archive.wired.com/wired/archive/12.10/tail.html. Acesso em: 30 jul. 2024.

ANDREWS, K. T.; EDWARDS, B. Advocacy organizations in the US political process. **Annual Review of Sociology**, v. 30, p. 479-506, 2004.

ASCH, S. E. Opinions and social pressure. **Scientific American**, v. 193, n. 5, p. 31-35, 1955.

BAKHTIN, M. **Estética da criação verbal**. 6. ed. São Paulo: Martins Fontes, 2011.

BAKHTIN, M. **Speech genres and other late essays**. Trad. Vern W. McGee. Austin: University of Texas Press, 1986.

BARRA, A. S. B. Uma análise do conceito de zona de desenvolvimento proximal. **Revista da Universidade Vale do Rio Verde**, Três Corações, v. 12, n. 1, p. 765-774, jan./jul. 2014.

BARTHES, R. **Mitologias**. Trad. Rita Buongermino, 4. ed. Rio de Janeiro: DIFEL, 2009.

BARTHES, R. **A câmara clara**: nota sobre a fotografia. Trad. Júlio C. Guimarães. Rio de Janeiro: Nova Fronteira, 1984.

BAUER, M. W.; ALLUM, N.; MILLER, S. What can we learn from 25 years of PUS survey research? Liberating and expanding the agenda. **Public Understanding of Science**, v. 16, n. 1, p. 79-95, 2017.

BAUER, M. W.; JENSEN, P. The mobilization of scientists for public engagement. **Public Understanding of Science**, v. 20, n. 1, p. 3-11, 2011.

BAZERMAN, C. Genre and cognitive development: beyond writing to learn. *In*: BAZERMAN, C.; PRIOR, P. (ed.). **Writing selves/writing societies**: research from activity perspectives. Fort Collins: WAC Clearinghouse, 2004. p. 79-104. Disponível em: https://wac.colostate.edu/books/selves_societies/. Acesso em: 30 jul. 2024.

BELL, D. **The coming of post-industrial society**: a venture in social forecasting. New York: Basic Books, 1973.

BENGHOZI, P.; BENHAMOU, F. The long tail: myth or reality? **International Journal of Arts Management**, v. 12, n. 3, p. 43-53, 2010. Disponível em: http://www.jstor.org/stable/41065027. Acesso em: 30 jul. 2024.

BESALÚ, R.; PONT-SORRIBES, C. Credibility of digital political news in Spain: comparison between traditional media and social media. **Social Sciences**, v. 10, n. 5, p. 170, 2021. Disponível em: https://www.mdpi.com/2076-0760/10/5/170. Acesso em: 4 ago. 2025.

BIAGIOLI, M. **Galileo, courtier**: the practice of science in the culture of absolutism. Chicago: University of Chicago Press, 1993.

BLISS, E. **Now the news**: the story of broadcast journalism. New York: Columbia University Press, 2010.

BOLTER, J. D.; GRUSIN, R. **Remediation**: understanding new media. Cambridge: MIT Press, 2000.

BONNEY, R. *et al.* Next steps for citizen science. **Science**, v. 343, n. 6178, p. 1436-1437, 2014. Disponível em: https://www.science.org/doi/10.1126/science.1251554. Acesso em: 4 ago. 2025.

BOON, T.; GOUYON, J. The origins and practice of science on British television. (Chapter 40). *In*: **The Routledge companion to British media history**. London; New York: Taylor & Francis, 2018.

BOURDIEU, P. **O poder simbólico**. 7. ed. Trad. Fernando Tomaz. Rio de Janeiro: Bertrand Brasil, 2007.

BOURDIEU, P. **O poder simbólico**. 16. ed. Rio de Janeiro: Bertrand Brasil, 2012.

BRASIL. Decreto nº 10.821, de 30 de setembro de 2021. Institui o Programa de Popularização da Ciência — POPCIÊNCIA, e dá outras providências. **Diário Oficial da União**, Brasília, 30 set. 2021. Disponível em: https://www.in.gov.br/web/dou/-/decreto-n-10.821-de-30-de-setembro-de-2021-343471425. Acesso em: 30 jul. 2024.

BREED, W. Social control in the newsroom: a functional analysis. **Social Forces**, v. 33, n. 4, p. 326-335, 1955.

BRIGGS, A.; BURKE, P. **Uma história social da mídia**: de Gutenberg à internet. 3. ed. Rio de Janeiro: Zahar, 2006.

BROOKE, J. H. **Science and religion**: some historical perspectives. Cambridge: Cambridge University Press, 1991.

BROSSARD, D.; LEWENSTEIN, B. V. A critical appraisal of models of public understanding of science: using practice to inform theory. *In*: KAHLOR, L.; STOUT, P. (ed.). **Communicating science**: new agendas in communication. New York: Routledge, 2010. p. 11-39.

BRUNER, J. **Actual minds, possible worlds**. Cambridge: Harvard University Press, 1986.

BRYNJOLFSSON, E. *et al*. From niches to riches: anatomy of the long tail. **Sloan Management Review**, v. 47, n. 4, p. 67-71, 2006. Disponível em: https://ssrn.com/abstract=918142. Acesso em: 30 jul. 2024.

BUCHI, M. **Science and the media**. London: Routledge, 1998.

BUCHI, M. **Science in society**: an introduction to social studies of science. London: Routledge, 2013.

BUCHI, M. When scientists turn to the public: alternative routes in science communication. **Public Understanding of Science**, v. 5, n. 4, p. 375-394, 1996.

BUCHI, M.; TRENCH, B. **Handbook of public communication of science and technology**. 3. ed. London: Routledge, 2021.

BUENO, W. C. **Jornalismo científico no Brasil**: compromissos de uma prática dependente. 1984. Tese (Doutorado em Ciências da Comunicação) — Escola de Comunicações e Artes, Universidade de São Paulo, São Paulo, 1984.

CAMPBELL-KELLY, M.; ASPRAY, W. **Computer**: a history of the information machine. Boulder: Westview Press, 2004.

CARDWELL, D. S. L. **The organization of science in England**. London: Heinemann, 1971.

CARUTTI, D. **Breve storia della Accademia dei Lincei**. Roma: Salviucci, 1883.

CASTELLS, M. **Communication power**. Oxford: Oxford University Press, 2009.

CASTELLS, M. **The information age**: economy, society, and culture. v. 1-3. Oxford: Blackwell, 1996-1998.

CASTELLS, M. **The Internet galaxy**: reflections on the Internet, business, and society. Oxford: Oxford University Press, 2001.

CÉRUSO, P. E. **A history of modern computing**. 2. ed. Cambridge: MIT Press, 2003.

CHARTIER, R. Do códice ao monitor: a trajetória do escrito. **Estudos Avançados**, v. 8, n. 21, p. 185-199, 1994. Disponível em: https://www.revistas.usp.br/eav/article/view/9961. Acesso em: 17 jul. 2025.

CHRISTENSEN, L. L. **The hands-on guide for science communicators**: a step-by-step approach to public outreach. Berlin: Springer, 2007.

CITÉ DES SCIENCES ET DE L'INDUSTRIE. **Site oficial**. Disponível em: https://www.cite-sciences.fr. Acesso em: 4 ago. 2025.

COMTE, A. **Curso de filosofia positiva**. Trad. José Arthur Giannotti e Miguel Lemos. São Paulo: Abril Cultural, 1978. (Os Pensadores).

COOTER, R.; PUMFREY, S. Separate spheres and public places: reflections on the history of science popularization and science in popular culture. **History of Science**, v. 32, n. 3, p. 237-267, 1994.

COSTA, A. M. *et al*. Centro Brasileiro de Estudos de Saúde: movimento em defesa do direito à saúde. **Saúde em Debate**, v. 44, n. 1, p. 135-141, 2020. Disponível em: https://www.scielo.br/j/sdeb/a/SwMJG4gTGRyrrRJjdKxPZTD/?lang=pt. Acesso em: 4 ago. 2025.

COULDRY, N.; HEPP, A. The mediated construction of reality. **Sociology**, v. 51, n. 1, p. 44-61, 2017.

CRAWFORD, E.; SHINN, T.; SORLIN, S. **Denationalizing science**: the contexts of international scientific practice. London: Kluwer Academic Publishers, 1993.

DALBOSCO, C. A. **Pragmatismo, teoria crítica e educação**: ação pedagógica como mediação de significados. São Paulo: Autores Associados, 2010.

DARWIN, C. **The origin of species**. Cambridge: Cambridge University Press, 1964.

DEFLEUR, M. L. **Teorias da comunicação de massa**. Rio de Janeiro: Zahar, 1993.

DEMO, P. O argumento de autoridade. *In*: DEMO, P. **Metodologia científica em ciências sociais**. v. 1. São Paulo: Atlas, 1995. p. 41-58.

DE RIDDER, J.; PEELS, R.; VAN WOUDENBERG, R. (ed.). **Scientism**: prospects and problems. Oxford: Oxford University Press, 2018.

DODGE, N. **The brain that changes itself**. New York: Penguin Books, 2007.

DRAKE, S. **Galileo at work**: his scientific biography. Chicago: University of Chicago Press, 1978.

DUNNING, J. **On the air**: the encyclopedia of old-time radio. New York: Oxford University Press, 1998.

DURANT, J. Participatory science and scientific literacy. **Public Understanding of Science**, v. 8, p. 113-118, 1999.

EISENSTEIN, E. L. **The printing press as an agent of change**: communications and cultural transformations in early-modern Europe. Cambridge: Cambridge University Press, 1979.

EUROPEAN COMMISSION. **Special Eurobarometer on scientific research in the media**. 2007. Disponível em: http://ec.europa.eu/public_opinion/archives/ebs/ebs_282_en.pdf. Acesso em: 21 fev. 2024.

EVANS, E. **Transmedia television**: audiences, new media, and daily life. New York: Routledge, 2011.

EVE, M. P. **Open access and the humanities**: contexts, controversies and the future. Cambridge: Cambridge University Press, 2014. Disponível em: https://www.cambridge.org/core/books/open-access-and-the-humanities/02BD7DB4A5172A864C432DBFD86E5FB4. Acesso em: 4 ago. 2025.

FEYERABEND, P. **Against method**: outline of an anarchistic theory of knowledge. London: Verso, 1975.

FINK, E. **Presentificação e imagem**: contribuições à fenomenologia da irrealidade. Londrina: Eduel, 2019.

FISCHHOFF, B.; DAVIS, A. L. Communicating scientific uncertainty. **Proceedings of the National Academy of Sciences**, v. 111, Suppl. 4, p. 13664-13671, 2014.

FISHMAN, M. **Manufacturing the news**. Austin: University of Texas Press, 1980.

FISKE, S. T.; DUPREE, C. Gaining trust as well as respect in communicating to motivated audiences about science topics. **Proceedings of the National Academy of Sciences**, v. 111, Suppl. 4, p. 13593-13597, 2014.

FLORIDI, L. **The fourth revolution**: how the infosphere is reshaping human reality. Oxford: Oxford University Press, 2014.

FOUCAULT, M. **A ordem do discurso**. 26. ed. São Paulo: Loyola, 2014.

FOUCAULT, M. **Microfísica do poder**. 32. ed. Rio de Janeiro: Paz e Terra, 2021.

FOUCAULT, M. **Vigiar e punir**: nascimento da prisão. Petrópolis: Vozes, 2014.

FRANCKFORT, E. **História da televisão no Brasil**. São Paulo: Ática, 1997.

FRICKEL, S. Just science? Organizing scientist activism in the US environmental justice movement. **Science as Culture**, v. 13, n. 4, p. 449-469, 2004. Disponível em: https://www.tandfonline.com/doi/abs/10.1080/0950543042000311814. Acesso em: 4 ago. 2025.

FROST, S. E. Education's own stations. *In*: FROST, S. E. **Education's own stations**. Chicago: University of Chicago Press, 1937. p. 464-474.

FUNARI, P. P. A. **Vida cotidiana em Roma**. São Paulo: Annablume, 1999.

GANS, H. J. **Deciding what's news**: a study of CBS evening news, NBC nightly news, Newsweek, and Time. New York: Pantheon Books, 1979.

GARDNER, H. **Frames of mind**: the theory of multiple intelligences. New York: Basic Books, 2011.

GARDNER, H. **Inteligências múltiplas**: a teoria na prática. Porto Alegre: Artmed, 1995.

GARFIELD, E. **Essays of an information scientist**. v. 4. Philadelphia: ISI Press, 1979-1980. Disponível em: https://garfield.library.upenn.edu/essays/v4p167y1979-80.pdf. Acesso em: 4 ago. 2025.

GERBNER, G. Toward "cultural indicators": the analysis of mass mediated public message systems. **AV Communication Review**, v. 17, n. 2, p. 137-148, 1969. Disponível em: https://www.jstor.org/stable/30217499. Acesso em: 30 jul. 2024.

GERBNER, G. *et al*. The “mainstreaming” of America: violence profile number 11. **Journal of Communication**, v. 30, n. 3, p. 10-29, 1980.

GIARDULLO, P. *et al*. Citizen science and participatory science communication: an empirically informed discussion connecting research and theory. **JCOM**: Journal of Science Communication, v. 22, n. 2, 2023. Disponível em: https://jcom.sissa.it/article/pubid/JCOM_2202_2023_A01/. Acesso em: 4 ago. 2025.

GIERYN, T. F. Boundary-work and the demarcation of science from non-science: strains and interests in professional ideologies of scientists. **American Sociological Review**, v. 48, n. 6, p. 781-795, 1983.

GODLEE, F.; SMITH, J.; MARCOVITCH, H. Wakefield›s article linking MMR vaccine and autism was fraudulent. **BMJ**, v. 342, c7452, 2011.

GONZALES, M. I. **A divulgação científica**: uma visão de seu público leitor. 1992. Dissertação (Mestrado em Ciência da Informação) — IBICT/UFRJ/ECO, Rio de Janeiro, 1992.

GOULART, A. C. Revisitando a espanhola: a gripe pandêmica de 1918 no Rio de Janeiro. **História, Ciências, Saúde-Manguinhos**, v. 12, n. 1, p. 101-142, jan. 2005. Disponível em: https://www.scielo.br/j/hcsm/a/Wkqm45R4ptVzTqSpKxJhfRh/?lang=pt. Acesso em: 4 ago. 2025.

GRAMSCI, A. **Cadernos do cárcere**. v. 1-6. Rio de Janeiro: Civilização Brasileira, 1999.

GREENE, B. **Until the end of time**: mind, matter, and our search for meaning in an evolving universe. New York: Knopf, 2020.

GREGORY, J.; MILLER, S. **Science in public**: communication, culture, and credibility. New York: Plenum, 1998.

HABERMAS, J. **Mudança estrutural da esfera pública**: investigações quanto a uma categoria da sociedade burguesa. Rio de Janeiro: Tempo Brasileiro, 1984.

HARARI, Y. N. **Sapiens**: uma breve história da humanidade. Trad. Janaína Marcoantonio. 2. ed. São Paulo: L&PM, 2015.

HEIN, G. Constructivist learning theory: the museum and the needs of people. **Exploratorium**, [S.l.], [s.d.]. Disponível em: https://www.exploratorium.edu/education/ifi/constructivist-learning. Acesso em: 4 ago. 2025.

HELLSTEN, L.; LEHTIMAKI, H.; TUOMI, J. Analogies, metaphors, and images: visual and verbal rhetoric in the communication of science on social media. **Science Communication**, v. 39, n. 6, p. 720-745, 2017.

HOVLAND, C. I.; JANIS, I. L.; KELLEY, H. H. **Communication and persuasion**; psychological studies of opinion change. New Haven: Yale University Press, 1953.

HUNTER, D.; NEWMAN, G.; BALGOPAL, M. Citizen scientist or citizen technician: a case study of communication on one citizen science platform. **Citizen Science**: Theory and Practice, v. 5, n. 1, p. 17, 2020. Disponível em: https://theoryandpractice.citizenscienceassociation.org/articles/10.5334/cstp.261. Acesso em: 4 ago. 2025.

HUNTER, M. **Establishing the new science**: the experience of the early Royal Society. Woodbridge: Boydell & Brewer, 1989.

HURD, P. Science literacy: its meaning for American schools. **Educational Leadership**, v. 16, n. 52, p. 13-16, 1958.

HYLAND, K. **Disciplinary identities**: individuality and community in academic discourse. Cambridge: Cambridge University Press, 2009.

INNIS, H. A. **The bias of communication**. Toronto: University of Toronto Press, 1951.

INNIS, H. A. **Empire and communications**. Toronto: University of Toronto Press, 1950.

ISAACSON, W. **The innovators**: how a group of hackers, geniuses, and geeks created the digital revolution. New York: Simon & Schuster, 2014.

JAMBEIRO, O. **A TV no Brasil do século XX**. Salvador: Edufba, 2002.

JAMIESON, K. H.; KAHAN, D. M.; SCHEUFELE, D. A. **The Oxford handbook of the science of science communication**. Oxford: Oxford University Press, 2020.

JASANOFF, S. **Can science make sense of life?** Cambridge: Polity Press, 2019.

JASANOFF, S. **Designs on nature**: science and democracy in Europe and the United States. Princeton: Princeton University Press, 2005.

JASANOFF, S. **The fifth branch**: science advisers as policymakers. Cambridge: Harvard University Press, 1990.

JEDLITSCHKA, K. The archive of the German Academy of Sciences Leopoldina in Halle (Salle): more than 350 year of the history of science. **Notes and Records of the Royal Society**, v. 62, n. 2, p. 237-244, 2008. Disponível em: https://royalsocietypublishing.org/doi/10.1098/rsnr.2007.0009. Acesso em: 4 ago. 2025.

JENKINS, H. **Convergence culture**: where old and new media collide. New York: New York University Press, 2006.

JENKINS, H. **Convergence culture**: where old and new media collide. New York: New York University Press, 2016.

JENKINS, H. **Cultura da convergência**. 2. ed. São Paulo: Aleph, 2009.

JENKINS, H. **Cultura da convergência**. São Paulo: Aleph, 2015.

JENKINS, H.; FORD, S.; GREEN, J. **Cultura da conexão**: criando valor e significado por meio da mídia propagável. São Paulo: Aleph, 2015.

KAPLAN, A. M.; HAENLEIN, M. Users of the world, unite! The challenges and opportunities of social media. **Business Horizons**, v. 53, n. 1, p. 59-68, 2010.

KATZ, E.; LAZARSFELD, P. F. **Personal influence**: the part played by people in the flow of mass communication. New York: Free Press, 1955.

KATZ, E.; BLUMLER, J.; GUREVITCH, M. **Canonic texts in media research**: are there any should there be how about these. Wiley, 2003.

KESSEL, F.; ROSENFIELD, P. L.; ANDERSON, N. B. **Expanding the boundaries of health and social science**: case studies in interdisciplinary innovation. New York: Oxford University Press, 2003.

KHANNA, P. **Technocracy in America**: rise of the info-state. [S.l.]: CreateSpace Independent Publishing Platform, 2016.

KLAUS, E. From Listeners to Viewers: Herzog as the Founder of Qualitative Entertainment and Audience Research. **European Journal of Communication**, v. 31, n. 1, p. 15-27, 2016.

KOHLSTEDT, S. G.; LAFOLLETTE, M. C. Science on American television: a history. **The American Historical Review**, v. 119, n. 2,

p. 553-554, 2014. Disponível em: https://academic.oup.com/ahr/article-abstract/119/2/553/45042?redirectedFrom=fulltext. Acesso em: 4 ago. 2025.

KREINZ, G.; PAVAN, C. (org.). **Ética e divulgação científica**: os desafios no novo século. 5. ed. São Paulo: NJR/ECA/USP, 2002.

KRESS, G.; VAN LEEUWEN, T. **Reading images**: the grammar of visual design. 2. ed. London: Routledge, 2006.

KUHN, T. S. **A estrutura das revoluções científicas**. Trad. Beatriz Vianna Boeira e Nelson Boeira. São Paulo: Perspectiva, 2019.

KYLE, D. G. **Spectacles of death in ancient Rome**. London: Routledge, 1998.

LAFOLLETTE, M. C. **Science on American television**: a history. Chicago: University of Chicago Press, 2013.

LAFOLLETTE, M. C. **Science on the air**: popularizers and personalities on radio and early television. Chicago: University of Chicago Press, 2012.

LAKOFF, G.; JOHNSON, M. **Metaphors we live by**. Chicago: University of Chicago Press, 1980.

LANDER, E. *et al.* Adopt a moratorium on heritable genome editing. **Nature**, v. 567, p. 165-168, 2019.

LASSWELL, H. D. The structure and function of communication in society. *In*: BRYSON, L. (ed.). **The communication of ideas**. New York: Institute for Religious and Social Studies, 1948. p. 37-51.

LATOUR, B. **Reassembling the social**: an introduction to actor-network-theory. Oxford: Oxford University Press, 2005.

LAUGKSCH, R. Scientific literacy: a conceptual overview. **Science Education**, v. 84, p. 71-94, 2000.

LAWSON, S. *et al.* Opening the black box of scholarly communication funding: a public data infrastructure for financial flows in academic publishing. **Open Library of Humanities**, v. 2, n. 1, e10, 2016. Disponível em: https://olh.openlibhums.org/article/id/4419/. Acesso em: 4 ago. 2025.

LAZARSFELD, P. F.; BERELSON, B.; GAUDET, H. **The people's choice**: how the voter makes up his mind in a presidential campaign. New York: Columbia University Press, 1968. Disponível em: https://www.

degruyterbrill.com/document/doi/10.7312/laza93930/html?srsltid=AfmBOooA5buPzrg-0g9VekWfcfC-P1SDQ1uNa_cor5MP0Xe9WZFWBaZS. Acesso em: 4 ago. 2025.

LAZER, D. M. J. *et al*. The science of fake news. **Science**, v. 359, n. 6380, p. 1094-1096, 2018. Disponível em: https://www.science.org/doi/10.1126/science.aao2998. Acesso em: 30 jul. 2024.

LEWANDOWSKY, S.; ECKER, U. K. H.; COOK, J. Beyond misinformation: understanding and coping with the "post-truth" era. **Journal of Applied Research in Memory and Cognition**, v. 6, n. 4, p. 353-369, 2017.

LEWENSTEIN, B. V. Models of public communication of science and technology. **Public Understanding of Science**, v. 16, n. 3, p. 259-274, 2003.

LEWIN, K. Frontiers in group dynamics: II. Channels of group life; social planning and action research. **Human Relations**, v. 1, n. 2, p. 143-153, 1947.

LIGHTMAN, B. **Victorian popularizers of science**: designing nature for new audiences. Chicago: University of Chicago Press, 2016.

LITTO, F. M.; FORMIGA, M. (org.). **Educação a distância**: o estado da arte. São Paulo: Pearson, 2009.

LOTZ, A. D. **The television will be revolutionized**. 2. ed. New York: NYU Press, 2014.

LUSTOSA, I. **Insultos impressos**: a guerra dos jornalistas na independência. São Paulo: Companhia das Letras, 2000.

LYONS, J. **The house of wisdom**: how the Arabs transformed Western civilization. New York: Bloomsbury Press, 2009.

LYOTARD, J. F. **A condição pós-moderna**. São Paulo: José Olympio, 2004.

MAINGUENEAU, D. **Gêneros discursivos**. São Paulo: Contexto, 2008.

MARCON, K.; HARRINGTON, M. Outreach and advocacy in the spotlight. **Lab Animal**, v. 37, n. 11, p. 501-508, 2008.

MARTINS, D. G. M.; CABRAL, E. H. S. Panorama dos principais estudos sobre ciência cidadã. **ForScience**, v. 9, n. 2, e01030, 2021.

MASSARANI, L.; MOREIRA, I. C. Brazil: history, significant breakthroughs and present challenges in science communication. *In*: MASSARANI, L.;

MOREIRA, I. C. **Communicating science**: a global perspective. Canberra: ANU Press, 2020. Disponível em: https://press.anu.edu.au/publications/communicating-science. Acesso em: 4 ago. 2025.

McGUIRE, W. J. The nature of attitudes and attitude change. *In*: LINDZEY, G.; ARONSON, E. (ed.). **The handbook of social psychology**. v. 3. 2. ed. Reading: Addison-Wesley, 1969. p. 136-314.

McINTYRE, L. **Post-truth**. Cambridge: MIT Press, 2018.

McLUHAN, M. **A galáxia de Gutenberg**: a formação do homem tipográfico. São Paulo: Companhia Editora Nacional, 1972.

McLUHAN, M. **Os meios de comunicação como extensões do homem**. 24. ed. São Paulo: Cultrix, 2019.

McLUHAN, M. **Os meios de comunicação como extensões do homem**. São Paulo: Cultrix, 1964.

McLUHAN, M.; FIORE, Q. **The medium is the massage**: an inventory of effects. New York: Bantam Books, 1967.

McQUAIL, D. **McQuail's mass communication theory**. 6. ed. London: Sage, 2010.

MENDONÇA, O. M. L. de. Ciência no globo-ciência. **Psicologia Escolar e Educacional**, v. 1, n. 1, p. 45-52, 1996.

MEYEROWITZ, J. **No sense of place**: the impact of electronic media on social behavior. New York: Oxford University Press, 1985.

MILLER, J. D. Civic scientific literacy: the role of the media in the electronic era. *In*: KENNEDY, D.; OVERHOLSER, G. (ed.). **Science and the media**. Cambridge: American Academy of Arts and Sciences, 2010. p. 44-63.

MILLER, J. D. Public understanding of, and attitudes toward, scientific research: what we know and what we need to know. **Public Understanding of Science**, v. 13, n. 3, p. 273-294, 2004.

MINISTÉRIO DA CIÊNCIA, TECNOLOGIA E INOVAÇÃO. Centro de Gestão e Estudos Estratégicos. **Percepção pública da C&T no Brasil — 2015**. Brasília: CGEE, 2015. Disponível em: http://percepcaoct.cgee.org.br/. Acesso em: 24 fev. 2024.

MORIN, E. **L'esprit du temps**: essai sur la cultura de masse. Paris: Grasset, 1962.

MORIN, E. **O paradigma perdido**: a natureza humana. Lisboa: Biblioteca Universitária, 1973.

MORIN, E. *et al*. **O método**. v. 1-6. Porto Alegre: Sulina, 2005.

MULINARI, F. **Lógica 2**. Vitória: Universidade Federal do Espírito Santo, 2016.

MUNDAY, J. **Introducing translation studies**: theories and applications. 4. ed. London: Routledge, 2016.

MYERS, G. **Writing biology**: texts in the social construction of scientific knowledge. Madison: University of Wisconsin Press, 1990.

MYERS, N. R. An educationally sound experiment? The Ohio School of the Air, 1928-1937. **Journal of Educational Media, Memory, and Society**, v. 14, n. 2, p. 26-39, 2022.

NAÇÕES UNIDAS. **Transformando nosso mundo**: a Agenda 2030 para o desenvolvimento sustentável. 2015. Disponível em: https://sdgs.un.org/2030agenda. Acesso em: 6 jun. 2023.

NAESS, A. **Galileu Galilei**: um revolucionário e seu tempo. Rio de Janeiro: Zahar, 2015.

NASR, S. H. **Science and civilization in Islam**. Cambridge: Harvard University Press, 1968.

NATIONAL SCIENCE FOUNDATION. **Science and engineering indicators** *2012*. Arlington: NSF, 2012. Disponível em: https://www.nsf.gov/statistics/seind12/. Acesso em: 21 fev. 2024.

NEEDHAM, J. **Science and civilisation in China**. Cambridge: Cambridge University Press, 1954-2004.

NEWMAN, M. E. The structure of scientific collaboration network. **Proceedings of the National Academy of Sciences**, v. 98, n. 2, 2001.

NOELLE-NEUMANN, E. **Public opinion**: our social skin. 2. ed. Chicago: University of Chicago Press, 1993.

NOELLE-NEUMANN, E. The spiral of silence: a theory of public opinion. **Journal of Communication**, v. 24, n. 2, p. 43-51, 1974.

NORRIS, S. P.; PHILLIPS, L. M. How literacy in its fundamental sense is central to scientific literacy. **Science Education**, v. 87, n. 2, p. 224--240, 2003.

OLD-TIME.COM. **WGN log**. Disponível em: https://www.old-time.com/otrlogs2/wgn.log.txt. Acesso em: 30 jul. 2024.

OLIVEIRA, W. A. No ar o Telecurso 2º Grau: ensino pela TV e legitimação política da Rede Globo durante a Ditadura Militar (1978-1981). **Territórios e Fronteiras**, v. 10, n. 1, p. 393-418, 2017.

OLSON, D.; TORRANCE, N. (ed.). **The Cambridge handbook of literacy**. Cambridge: Cambridge University Press, 2009.

ONG, W. J. **Orality and literacy**: the technologizing of the word. London: Methuen, 1992.

ORTEGA Y GASSET, J. **A rebelião das massas**. São Paulo: Ruriak Inc., 2013.

OUELBANI, M. **O Círculo de Viena**. v. 1. São Paulo: Parábola Editorial, 2009.

OUTRAM, D. **The Enlightenment**. 3. ed. Cambridge: Cambridge University Press, 2019.

OXFORD ENGLISH DICTIONARY. **Word of the year 2016 is...** Oxford: Oxford Languages, 2016.

PAGLIA, C. **Provocations**: collected essays. New York: Pantheon, 2018.

PARK, J.; KIM, M. Factors influencing the low usage of smart TV services by the terminal buyers in Korea. **Telematics and Informatics**, v. 33, n. 4, p. 1130-1140, 2016.

PATTNAIK, B. K.; SAHOO, S. Communicating science in India through People's Science Movements (PSMs). **Journal of Scientific Temper**, v. 2, n. 1-2, p. 33-85, jan.-abr. 2014.

PERRAULT, S. T. A brief history of science popularization. *In*: PERRAULT, S. T. **Communicating popular science**. London: Palgrave Macmillan, 2013. p. 37-47. Disponível em: https://link.springer.com/chapter/10.1057/9781137017581_3. Acesso em: 4 ago. 2025.

PETERSON, D.; PANOFSKY, A. Metascience as a scientific social movement. **Minerva**, v. 61, p. 147-174, 2023. Disponível em: https://link.springer.com/article/10.1007/s11024-023-09490-3. Acesso em: 4 ago. 2025.

PETTY, R. E.; CACIOPPO, J. T. **Communication and persuasion**: central and peripheral routes to attitude change. New York: Springer-Verlag, 1986.

PIAGET, J. **A construção do real na criança**. Rio de Janeiro: Zahar, 1975.

PIAGET, J. **A epistemologia genética**. São Paulo: Abril Cultural, 1978. (Os Pensadores).

PIAGET, J. **O nascimento da inteligência na criança**. Rio de Janeiro: Zahar, 1975.

PIASSI, L. *et al*. Science Stand: a Brazilian activist science & technology outreach initiative. **Journal for Activist Science and Technology Education**, v. 10, n. 1, 2019. Disponível em: https://jps.library.utoronto.ca/index.php/jaste/article/view/32909. Acesso em: 4 ago. 2025.

POSTMAN, N. **Amusing ourselves to death**: public discourse in the age of show business. New York: Viking, 1985.

PROCTOR, R. N.; SCHIEBINGER, L. (ed.). **Agnotology**: the making and unmaking of ignorance. Stanford: Stanford University Press, 2008.

PSCHEIDA, D. *et al*. Science communication in the digital age: the use of digital media in research institutions. **Science Communication**, v. 35, n. 5, p. 568-593, 2013.

REID, E. J. Understanding the word "advocacy": context and use. **Structuring the Inquiry into Advocacy**, v. 1, p. 1-7, 2000.

ROGERS, E. M.; SINGHAL, A.; QUINLAN, M. M. Diffusion of innovations. *In*:

ROGERS, E. M.; SINGHAL, A.; QUINLAN, M. M. **An integrated approach to communication theory and research**. New York: Routledge, 2014. p. 432-448.

ROSKIES, A. Neuroethics for the new millennium. **Neuron**, v. 35, n. 1, p. 21-23, 2002.

SAETHER, S.; BULL, S. T. The phantasmagoric dispositif: an assembly of bodies and images in real time and space. *In*: SAETHER, S.; BULL, S.

T. **Screen space reconfigured**. Amsterdam: Amsterdam University Press, 2020. p. 55-72.

SANTAELLA, L. **Ecologia pluralista da mídia**: convergência tecnológica e diversidade cultural. São Paulo: Paulus, 2012.

SCHEUFELE, D. A.; KRAUSE, N. M. Science audiences, misinformation, and fake news. **Proceedings of the National Academy of Sciences**, v. 116, n. 16, p. 7662-7669, 2019.

SCHRAMM, W. **Teoria da comunicação de massa**. Trad. Muniz Sodré e Roberto Lent. Rio de Janeiro: Bloch, 1970.

SECORD, J. A. **Victorian sensation**: the extraordinary publication, reception, and secret authorship of Vestiges of the Natural History of Creation. Chicago: University of Chicago Press, 2020.

SHARRATT, M. **Galileo**: decisive innovator. Cambridge: Cambridge University Press, 1994.

SILVA, H. C. O que é divulgação científica? **Ciência & Ensino**, Campinas, v. 1, n. 1, p. 53-59, 2006.

SILVA, R. C. G. D.; SANTANA, E. S. Ciência cidadã. **Cogitare Enfermagem**, v. 28, e86901, 2023. Disponível em: https://www.scielo.br/j/cenf/a/jFBZ9T4XtYzpmTPQLMmzXdG/?lang=pt. Acesso em: 4 ago. 2025.

SIMIS, M. J. *et al.* The lure of rationality: why does the deficit model persist in science communication? **Public Understanding of Science**, v. 25, n. 4, p. 400-414, 2016.

SMITH, E. Textbooks of the air. **Tedium**, 19 abr. 2023. Disponível em: https://tedium.co/2023/04/19/schools-of-the-air-early-radio-education-history/. Acesso em: 30 jul. 2024.

SNOW, C.; DIBNER, K. A. **Science literacy**: concepts, contexts, and consequences. Washington: National Academies Press, 2016. Disponível em: https://doi.org/10.17226/23595. Acesso em: 30 jul. 2024.

SOBEL, D. **Galileo's daughter**. New York: Walker & Company, 1995.

SODRÉ, N. W. **História da imprensa no Brasil**. 4. ed. Rio de Janeiro: Mauad, 1999.

SOROKIN, P. **Social & cultural dynamics**: a study of change in major systems of art, truth, ethics, law, and social relationships. Boston: Porter Sargent, 1970.

SORRELL, T. **Scientism**: philosophy and the infatuation with science. London: Routledge, 2013.

SOUZA, P. T. A. O silêncio da gripe espanhola no Brasil: uma história a ser recordada em tempos de Covid-19. **Âncora**, v. 8, n. 1, 2021. Disponível em: https://periodicos.ufpb.br/index.php/ancora/article/view/58643. Acesso em: 4 ago. 2025.

SOVACOOL, B. K.; DWORK, M. Energy justice: conceptual insights and practical applications. **Applied Energy**, v. 289, 116431, 2021.

STANDAGE, T. **The Victorian Internet**: the remarkable story of the telegraph and the nineteenth century's on-line pioneers. New York: Walker, 1998.

STANDAGE, T. **Writing on the wall**: social media — the first 2,000 years. New York: Bloomsbury, 2013.

SUBER, P. **Open access**. The MIT Press, 2012.

SWALES, J. M. **Genre analysis**: English in academic and research settings. Cambridge: Cambridge University Press, 1990.

TEMPLE, R. **The genius of China**: 3,000 years of science, discovery, and invention. London: Prion Books, 2007.

TENNANT, J. P. *et al*. The academic, economic and societal impacts of open access: an evidence-based review. **F1000Research**, v. 5, p. 632, 2016. Disponível em: https://f1000research.com/articles/5-632/v3. Acesso em: 4 ago. 2025.

THAGARD, P. Being interdisciplinary: trading zones in cognitive science. *In*: DERRY, S. J. *et al*. (ed.). **Interdisciplinary collaboration**: an emerging cognitive science. Mahwah: Erlbaum, 2005. p. 317-339.

TOCQUEVILLE, A. **Democracia na América**: leis e costumes. v. 1. São Paulo: Martins Fontes, 2003.

TOFFLER, A. **The third wave**. New York: Bantam Books, 1980.

TRENCH, B.; BUCHI, M. Science communication: an emerging discipline. *In*: TRENCH, B.; BUCHI, M. **Routledge handbook of public communication of science and technology**. 3. ed. London: Routledge, 2021. p. 3-17.

TUCHMAN, G. **Making news**: a study in the construction of reality. New York: Free Press, 1978.

TUCKER, J. A. *et al.* Social media, political polarization, and political disinformation: a review of the scientific literature. **SSRN Electronic Journal**, v. 19, mar. 2018. Disponível em: https://papers.ssrn.com/sol3/papers.cfm?abstract_id=3144139. Acesso em: 4 ago. 2025.

UNITED STATES. Centers for Disease Control and Prevention. **About Tips®**. Disponível em: https://www.cdc.gov/tobacco/campaign/tips/about/index.html. Acesso em: 30 jul. 2024.

VAN BAVEL, J. J. *et al.* Using social and behavioural science to support Covid-19 pandemic response. **Nature Human Behaviour**, v. 4, p. 460-471, 2020.

VOSOUGHI, S.; ROY, D.; ARAL, S. The spread of true and false news online. **Science**, v. 359, n. 6380, p. 1146-1151, 2018.

VYGOTSKY, L. **A formação social da mente**: o desenvolvimento dos processos psicológicos superiores. 7. ed. São Paulo: Martins Fontes, 1991.

VYGOTSKY, L. **Pensamento e linguagem**. 4. ed. São Paulo: Martins Fontes, 1998.

WAGENKNECHT, K. *et al.* Towards citizen science communication: how can citizen science enhance science communication? **Innovation Hub**, n. 2, 2021.

WHITE, D. M. The 'gate keeper': a case study in the selection of news. **Journalism Quarterly**, v. 27, n. 4, p. 383-390, 1950.

WILLIAMS, B. The politics of a pandemic. **Political Insight**, v. 11, n. 3, p. 37-39, 2020. Disponível em: https://journals.sagepub.com/doi/10.1177/2041905820958823. Acesso em: 4 ago. 2025.

WILLINSKY, J. **The access principle**: the case for open access to research and scholarship. Cambridge: MIT Press, 2009.

WOLF, M. **Teorias da comunicação**. 8. ed. São Paulo: Martins Fontes, 2008.

WOLFE, A. J. **Freedom's laboratory**: the Cold War struggle for the soul of science. Baltimore: Johns Hopkins University Press, 2018.

YU, E. *et al*. A socio-technical analysis of factors affecting the adoption of smart TV in Korea. **Computers in Human Behavior**, v. 61, p. 89-102, 2016.

ZAPPA, R.; SOTO, E. **1968**: eles só queriam mudar o mundo. São Paulo: Schwarcz-Companhia das Letras, 2018.